ワンオペ情シスのためのテレワーク導入・運用ガイド

最小コストで構築できる
快適で安全なオフィス環境

福田 敏博 著

SE
SHOEISHA

■本書内容に関するお問い合わせについて

このたびは翔泳社の書籍をお買い上げいただき、誠にありがとうございます。弊社では、読者の皆さまからのお問い合わせに適切に対応させていただくため、以下のガイドラインへのご協力をお願い致しております。下記項目をお読みいただき、手順に従ってお問い合わせください。

ご質問される前に

弊社Webサイトの「正誤表」をご参照ください。これまでに判明した正誤や追加情報を掲載しています。

正誤表　https://www.shoeisha.co.jp/book/errata/

ご質問方法

弊社Webサイトの「刊行物Q&A」をご利用ください。

刊行物Q&A　https://www.shoeisha.co.jp/book/qa/

インターネットをご利用でない場合は、FAXまたは郵便にて、下記"翔泳社 愛読者サービスセンター"までお問い合わせください。
電話でのご質問は、お受けしておりません。

回答について

回答は、ご質問いただいた手段によってご返事申し上げます。ご質問の内容によっては、回答に数日ないしはそれ以上の期間を要する場合があります。

ご質問に際してのご注意

本書の対象を越えるもの、記述箇所を特定されないもの、また読者固有の環境に起因するご質問等にはお答えできませんので、予めご了承ください。

郵便物送付先およびFAX番号

送付先住所　〒160-0006　東京都新宿区舟町5
FAX番号　03-5362-3818
宛先　（株）翔泳社 愛読者サービスセンター

●免責事項
※本書の内容は、本書執筆時点（2023年2月）の内容に基づいています。
※本書に記載されたURL等は予告なく変更される場合があります。
※本書の出版にあたっては正確な記述に努めましたが、著者および出版社のいずれも、本書の内容に対してなんらかの保証をするものではなく、内容やサンプルに基づくいかなる運用結果に関してもいっさいの責任を負いません。
※本書に掲載されている画面イメージなどは、特定の設定に基づいた環境にて再現される一例です。

はじめに

本書は、ごく少人数で情報システムの導入や運用を担当する方々（ワンオペ情シスの皆さん）に向けて、中小企業のテレワークに適したリモートネットワーク環境（VPN）を主に解説したものです。

大きな特徴として、次の点があげられます。

- 「SoftEther VPN」と「Raspberry Pi」を組み合わせた構成
- 低予算でかつ安全（セキュリティ）を重視
- 中小企業のデジタル化にも言及
- チャット形式で読みやすい話の流れ

これからテレワークへの対応を進める、ワンオペ情シスの皆さんはもちろんですが、次のような方々にも、幅広く読んでいただけると考えます。

- VPNをどのように構築するのか興味がある方
- ごく限られた社内プロジェクトに対して専用のVPNが必要な方
- 小規模な関連子会社へのテレワーク導入を検討中の方
- プライベートな環境でVPNを使ってみたい方

今では一般化しつつあるテレワークですが、テレワークは目的ではなく、あくまでも手段の一つです。その目的はというと、ひとり一人の従業員の働き方を考え、よりよい仕事ができるようにすることです。心身が健康な状態で効率よく業務が進められると労働生産性が高まり、会社にとっても大きなメリットにつながります。

また、ワンオペ情シスの皆さんには、ITに関連する幅広い知識やスキルが必要です。本の締めくくりには、デジタル化の進展を見据え、これからは情報システム担当者にも経営視点が求められることを述べました。今後のキャリア形成の参考にしていただけると幸いです。

2023年2月吉日

福田 敏博

目次

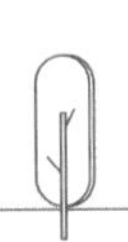

第2章 ［おさらい］テレワークの基礎知識

第3章 中小企業のテレワーク環境とは

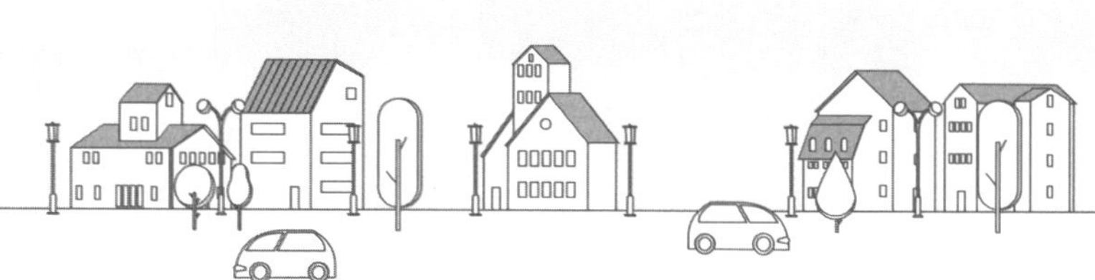

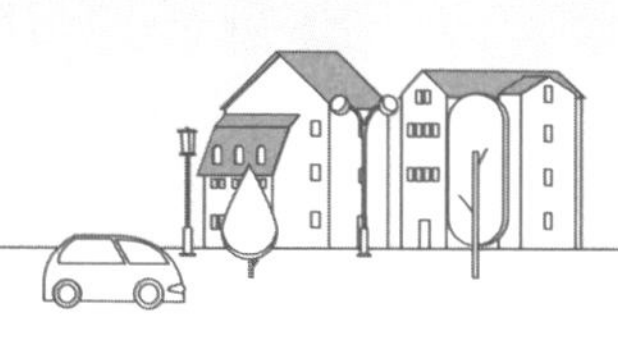

第2部 安心・安全なテレワークの導入

第4章 ワンオペ DevOps で VPN ネットワーク

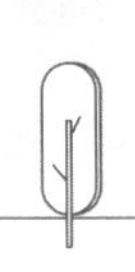

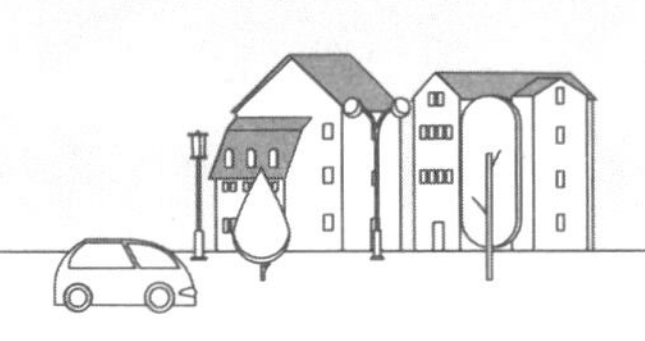

第5章 欠かせない情報セキュリティ対策

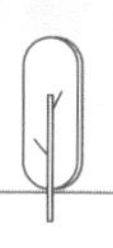

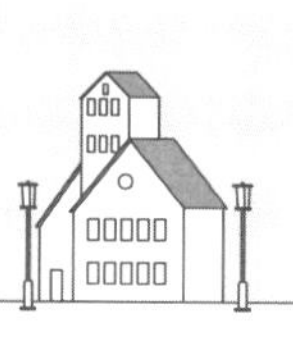

第3部 安心・安全なテレワークの運用

第6章 VPN のトラブル対応

第7章 運用保守に必要な環境

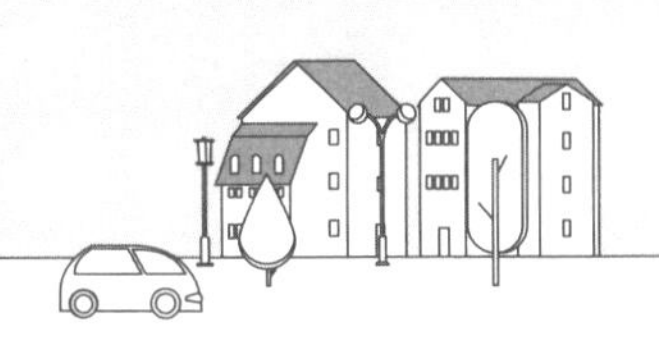

第8章 中小企業のヘルプデスク業務

本書について

主な登場人物

理本 情一（りもと じょういち）

古き良き昭和感が漂う「名庭工業（なにわこうぎょう）」に勤務するワンオペ情シス。デジタル化どころではない社内の膠着した現状に、とてもストレスを感じている。

照和 水心（てれわ すいしん）

仕事の抜本的な刷新を推進するオンラインサロン「仕刷隊（しさつたい）」の頭目。サロンのメンバーからは、「お館様」と呼ばれる。コロナ禍以降は、中小企業向けのテレワーク導入支援に力を注いでいる。

本書の執筆環境

本書ではWindowsパソコンや小型コンピュータであるRaspberry Pi（ラズパイ）にさまざまなソフトウェアをインストールしてテレワーク環境を構築していきます。

本書の主な執筆環境は次の通りです。

- Windows 11 Pro & Home
- Raspberry Pi 4 Model B
- Raspberry Pi OS（64-bit）
- SoftEther VPN Server Ver. 4.39
- SoftEther VPN Client Ver. 4.39
- Tera Term Ver. 4.106
- Real VNC Viewer 6.22
- Wireshark 3.6.6

第1章

「ワンオペ情シス」に迫るテレワークの圧力

1.1 新型コロナで職場が大混乱! 当時の状況を振り返り

社長室に幹部が集合

遡ること2020年4月、千葉県に本社を構える中小企業の名庭工業（なにわこうぎょう）。新型インフルエンザ等対策特別措置法に基づく緊急事態宣言を受け、社長室に幹部が集まり今後の対応が話し合われていました。

テレワークの検討状況

最初に、社長は昨年、働き方改革への一貫でテレワークの実施を検討していた状況が気になっていました。これについては、システム担当の理本（りもと）さんが技術的な検討を進めていました。しかしながら、導入に向けた段階には至ってないことを、総務部長が報告します。

出勤者数の削減について

社長は続けて「出勤者数の7割削減」といった政府の要請について、何か対応策があるのかと問います。もし社員に感染者が出れば事業所の閉鎖等をする必要が出てきて、出勤どころではなくなるとの認識からです。

とりあえず、製造に直接関わる要員を除き、しばらく自宅待機させてはどうかと、総務部長が各部長に意見を求めます。

生産量を影響のない範囲で減産するとして、全体で出勤者数を7割減らすなんてとても無理。せいぜい3割減程度ではないかと製造部長が答えます。いずれにせよ、自宅待機の対象となる社員がどの程度になるのか、各部で調整してみないことには何とも言えない、という雰囲気になりました。

社長は各部で至急調整を進めるよう指示し、幹部たちは1時間後を目途に再度集合することになります。

各部署で緊急会議を開催

各部の管理職が集まって緊急会議が始まりました。会議室の外では、多くの社員がざわついています。

「どうやら、しばらく休業するらしいぞ！」

「年度の初めに年休消化させられるのか？」

「取引先から受注のキャンセルが大量に発生しているようだ！」

噂話は絶えません。そうした中、緊急会議が終わり、幹部は再び社長室へ集合します。

緊急会議の結果

社長の気がかりは、出勤者数をどれくらい削減できるのかという点です。製造部長からの報告によると、約2割の社員を交替で休ませるのが限界とのこと。取引先から受注のキャンセルも増えていますが、緊急事態宣言の終わる5月の連休明けまでを想定すると、そう大きく減産調整することもできない模様です。

これに総務部長の発言が続きます。（社長が密かに思っているように）自宅でパソコンを使えば、ある程度できそうな業務は少なくありません。しかしながら、そもそもネットワークなど情報システムのインフラが整っておらず、在宅勤務が可能かどうかは社員の業務内容や、自宅の環境にも大きく影響を受けることを説明します。結果、社長も一応は出勤者数削減の内容に納得した様子です。

今後の対応

社長の心配は、次に今後の経営にどれくらいダメージがあるのか、といったことに及びます。新型コロナウイルス感染症の流行が長期化するリスクを考えてのことです。早急にテレワークの実施に向けて対応を進めないと、事業の継続性に影響することを懸念しています。これには、各部長も動揺を隠せません。

そうした中、総務部長は社員がかなり混乱している状況を社長に伝えます。一部の社員を自宅待機させることについて、早急に職場説明会の開催が必要だと言及します。

各部長もこれに同意します。とりあえず、職場がざわついている状況を収拾する必要があるからです。職場説明会の結果、社員がどのような反応を見せるのか、総務部長は気が気でなりません。

1.2 会社へ行きたい派 vs 会社へ行きたくない派

職場説明会の状況

大会議室にて、社員に対する職場説明会が急遽開催されました。総務部長からの説明が始まります。「緊急事態宣言を受けて、当社においても皆さんを感染リスクから守るために、出勤者数の削減を行います。当面、交替で一定数の社員に自宅待機をお願いする予定です。自宅待機の日は、日勤時間帯での勤務とみなしますので、会社から電話連絡が取れる状態にしてください」

総務部長からの説明が終わると、最初に営業を担当する社員から質問が出ます。「営業で外回りが多い社員は、会社から携帯電話とモバイルパソコンが貸与されています。それを使って自宅で仕事をしても問題ないですか？」

総務部長は答えます。「構いません。ただし、当社ではテレワークに関する情報システムのインフラ環境や情報セキュリティ対策のルール、就業規則などの整備ができていません。業務上で何か懸念事項等あれば、総務担当まで連絡をお願いします」

続いての発言は、経理を担当する社員からです。「私の業務は紙の書類を取り扱うことが多く、特に月末月初は出勤しないと仕事になりません。各自の業務都合や負荷などを考慮してもらえるのでしょうか？」

総務部長が答えます。「そのあたりは、直属の上司とよく話し合ってください」

さらに生産管理を担当する社員が発言します。「2点質問があります。いったい何人くらいを自宅待機にするのですか？ また、いつまで続ける予定なのですか？」

総務部長は答えます。「人数等の詳細については、これから各部の状況を踏まえて計画します。期日については、緊急事態宣言の終わる5月の連休明けまでを想定しています。ただし、緊急事態宣言が延長されることも考えられますので、今後の動向次第となります」

別の社員が質問します。「家庭の都合は考慮してもらえるのですか？ 子供の学校が休校になり、私か家内のどちらかが家にいる必要があります」

総務部長は答えます。「ご家庭の事情はよくわかります。これについても、上司とよく話し合ってください」

社員の質問は続きます。「昨年、働き方改革の一貫としてテレワークの導入を検討していたと思います。当社でもテレワークを進めるのですか？」

総務部長は答えます。「業務で利用するパソコンは、順次ノートパソコンへの更新を進めてきました。ただし、先ほど説明した通り、情報システムのインフラ環境などの整備ができていません。現在対応を検討中です」

テレワークに賛成する社員が発言します。「テレワークになれば通勤時間がなくなるので、効率的に仕事ができると思います。早急に導入してほしいです」

今度はそれに反対する社員が意見します。「私は自宅で仕事なんて、とてもできるような環境ではありません。そのあたりの事情は考慮してもらえるのでしょうか？」

総務部長は答えます。「そうですね……。今後、いろいろな課題が出ると思います。皆さんの意見も聞きながら検討を進めます」

このように、社員が代わる代わる心配事を口にして、職場説明会は終わりました。

社長への状況報告

総務部長は、説明会の状況を社長に報告します。一番気になったのは、在宅派と出勤派で社員が対立しそうだと感じたことです。テレワークの導入で社内に分裂などが起これば、何のためのテレワークなのか、よくわからなくなります。

少し弱気になった総務部長を前に、社長は改めてテレワーク導入を早急に進めることを決意します。早くなんとかするよう、総務部長に発破を掛けました。

1.3 大手取引先からのリモート要請

取引先への訪問予定がオンライン会議に

名庭工業の大手取引先である部品メーカでは、生産ラインの作業関係者以外は原則としてテレワークによる在宅勤務となりました。部品メーカの担当者から、名庭工業の営業担当へEメールが届きます。

来週訪問予定だった打ち合わせがオンライン会議になったとのことで、メールにURLリンクとミーティングID、パスコードの記載があります（図1.3.1）。担当者は上司の営業課長へ相談します。「課長、来週の打ち合わせがオンライン会議になったようなんです。これって、どう対応すればいいんですか？」

営業課長は「ええっ、オンライン会議？ 私にそんな難しいことがわかるわけないです……。総務課長に連絡しますよ」と答え、すぐに総務課長へ電話して内容を伝えます。

「それならシステム担当の理本に対応させます。追って、そちらへ向かわせますから」というのが総務課長からの返答です。

社内でWeb会議をテスト

10分後、理本さんは営業部を訪ねました。メールの内容を確認して、営業担当に言います。「ああ、それ、Zoomっていう Web 会議サービスなんです」。

営業担当は、聞き慣れない言葉に戸惑います。「ズーム？ とりあえず、どうすればいいんですか？」

「パソコンに専用アプリをインストールして会議に参加するか、Webブラウザを使っても参加できます。当日いきなりの参加だと操作に戸惑うと思うので、これから社内でテスト会議してみますか？」

営業担当は、理本さんの誘いにビックリします。「えっ、ここで今できるんですか？ ぜひお願いします！」

ということで、理本さんと営業担当による社内でのオンライン会議が始まりました。周りの社員が興味深そうに集まって、かなり盛り上がっています。

「へえーっ、パソコンのカメラって、こんな感じで映るんだ！」
「いったいどこにマイクが付いてるの？ どこどこ？」
「その操作で、参加者とパソコンの画面が共有できるのか！」

営業課長はつぶやきます。「取引先からこういったオンライン会議の要請って、今後当たり前のように増えるよな……」
理本さんがそれに応答します。「そうですよね。早急に社員へ周知連絡しないと、きっとみんな戸惑うはずです。その旨、総務課長に伝えますね」

少し席の離れた生産管理課でも大騒ぎしているのが見えます。しばらくの間、理本さんは社内で引っ張りだこになりました。

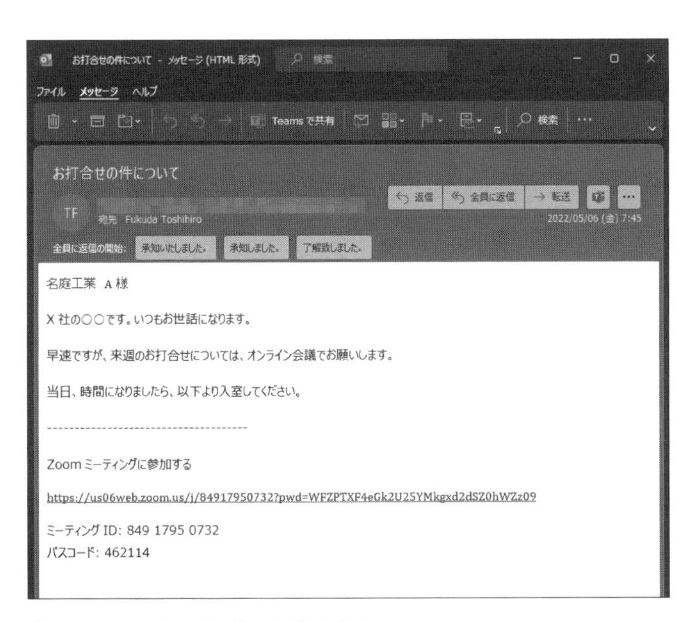

◆ 図 1.3.1 オンライン会議の案内メール

1.4 テレワークできないのは情シスのせい?

オンライン会議普及後の新たな問題

取引先とのオンライン会議（Web 会議サービス）は、あっという間に業務に溶け込みました。すると、社員の間で新たな不平不満がくすぶり始めます（図 1.4.1）。

ここでは、理本さんと同期の営業部に所属する社員 2 名が、砕けた口調で話すのを聞いてみましょう。

社員 A） Zoom ってインターネットに接続できれば OK のようだから、会社のモバイルパソコンを家に持ち帰って、自宅の Wi-Fi に接続すればオンライン会議ができるんじゃない？

社員 B） 確かに……。Zoom に限らず Teams でも大丈夫だと思う。

社員 A） そうすれば俺たち、すぐにテレワークできんじゃん！

社員 B） でも、営業情報を共有しているグループウェアや、各種ドキュメントを保存しているファイルサーバーへはアクセスできないよ。多分…。

社員 A） そう考えると、E メール以外では使えないものが結構多いな。勤怠管理システムなども NG なんじゃない？

社員 B） そもそもテレワークを前提にして、システムやネットワークを構築していないためだと総務部長は話してたよね。技術的な問題が大きいのかなぁ？

社員 A） しかし今の時代、インターネットへつながりさえすれば、なんとかなるんじゃないの？

社員B）昨年テレワークの導入に向けて、システム担当の理本がいろいろやってたとは聞いてるけど……。

社員A）きっと、理本のサボタージュだ！ いつも一人で何をやっているのか、よくわかんないし。

社員B）うちの会社は他社と比べて、情報セキュリティに関してあまり厳しくないけど、そのあたりもネックなのかなぁ……。

社員A）情報セキュリティもシステム担当の仕事じゃないの？ やっぱり悪いのは理本だ！

もちろん、理本さんに何も責任はありません。「そんなに責め立てなくても！」と言いたくなりますよね。でもまぁ、ここでは同期のよしみということで……。

◆ 図 1.4.1 テレワークができないのは誰のせい？

1.5 安心・安全・低コストで実現するテレワーク環境のために

テレワーク導入に向けた打ち合わせと問題点

総務部長は、総務課長と理本さんを呼んでテレワークに向けた打ち合わせを始めます。社長からの特命で早急にテレワーク環境を整備してほしいことを伝え、総務課長と理本さんは了承します。

まず、昨年検討した内容について、理本さんが状況を説明しました。

- **Webでの情報収集や展示会を視察した内容**
- **ベンダーの提案等を受けて検討した内容**

しかしながら、どれも大手企業を対象にしたソリューションのため、想定したシステム予算とは桁が一つ以上違い、次のステップへ進めなかったと言います。

総務課長は、理本さんから予算面での相談を受け、段階的な導入も含めていろいろ試算したことを補足します。ただ、どう考えても自社の身の丈に合うものではなかったという結論に至っています。

総務部長は、「今は予算がどうこう言っている場合ではありません。至急、ベンダーと話を進めることができないのでしょうか？」と聞きました。

理本さんは、すでにベンダーとは連絡を取り合っている状況であることを伝えます。しかし、予算を抜きに考えてもベンダー側の対応スケジュールが間に合わないこと、すでに多くの企業からベンダーへ引き合いが殺到していることを説明します。

今まで取引のない新規のベンダーへ相談するにしても、どこも手一杯のはずです。また、このようなタイミングでは、予算面から足元を見られて取り合ってもらえない可能性だって考えられます。

外部コンサルタントの活用

ここで総務課長は、理本さんに以前相談したことを思い出します。理本さんがなんとか一人で頑張り、自社で対応する案です。

改めて理本さんは、専門家のアドバイスがあればなんとかなることを話します。予算面や情報セキュリティを含めた技術面のことを考えても、専門家のアドバイスによって安心して進められるとのことです。

しかし総務課長に不安がよぎります。当時、理本さんから聞いた照和（てれわ）さんという外部コンサルタントのことです。「本当にあの人に頼んで大丈夫なのでしょうか？」と、理本さんに再度確認します。

理本さんは、「一見、怪しく感じるかもしれませんが、知人からの口コミではかなり評判が良いです」と力説します。中小企業に適したテレワーク導入支援では右に出るものはいない、という話も一緒にします（図 1.5.1）。

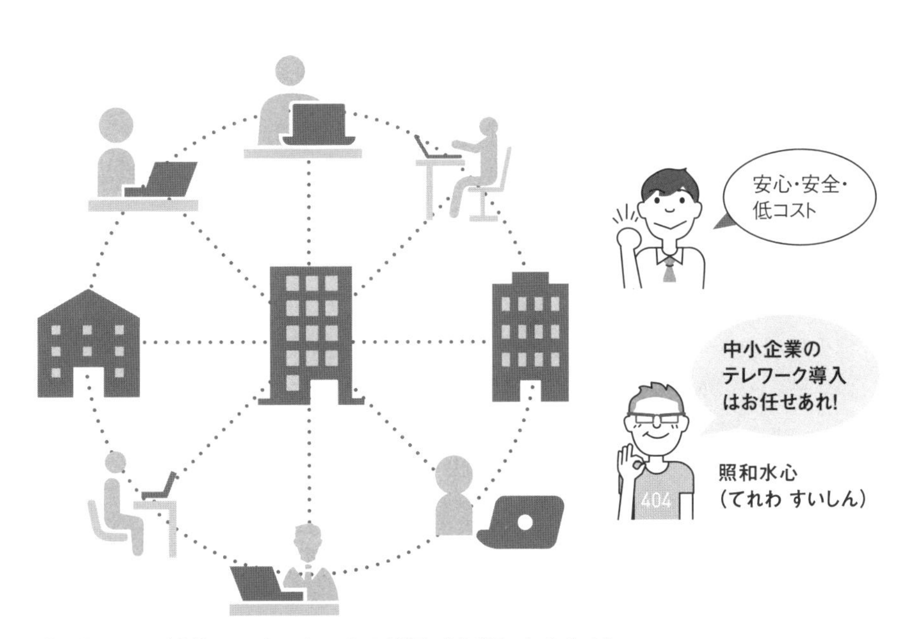

◆ 図 1.5.1　外部コンサルタントの活用（本当に大丈夫？）

1.6 リアルもテレワークも、快適に仕事ができる環境とは

テレワークに向けた打ち合わせ（続き）

総務部長と総務課長、そして理本さんの打ち合わせは続きます。

今の状況では背に腹は代えられないため、総務部長はすぐにそのコンサルタントへ依頼できないのかと理本さんに聞きました。昨日、SNSでメッセージを送ったところ、すぐに対応可能だという返事があったと、理本さんは伝えます。しかし、総務課長はSNSを使ってのやり取り自体がちょっと気に入らないようです。「本当に大丈夫ですか？」と、くどいくらいに念を押してきます。

ここで総務部長は決断します。もう理本さんに任せるしかありません。ただ、これから示す五つの方針だけは必ず守ってほしいと伝えます。

[必ず守るべき五つの方針]

①将来的に完全にテレワークが前提となる働き方は考えていない。出社してもテレワークでも、同じように業務ができるよう考えてほしい

②何より導入のスピードが優先される。今のシステム環境等は大幅に変えずに、いち早くテレワークができるようにしてほしい

③スピードを優先すると言っても、情報セキュリティ面の考慮は十分に行ってほしい。もしも情報漏えい等のセキュリティ事故が起これば、取引先を含めてビジネスへの影響は計り知れない

④大企業と同じような重厚長大な仕組みは求めていない。あくまでも、当社のような中小企業に適したシステム構成で考えてほしい

⑤導入時の検証等では、各部門の協力が得られるよう、最大限サポートする。ただし、システム要員を新たにアサインすることは難しいため、理本さんだけでなんとかやりくりしてほしい

理本さんは、快く承諾します。照和さんは中小企業診断士であり、情報セキュリティのコンサルタントでもあるので、安心してほしいこと。また、自分はもともと「ワンオペ情シス」なので、一人での対応には慣れていると答えます。

ワンオペ情シス理本さんへの期待

総務課長は、(技術的な面から) ある程度の目途が立っているのかが気になります。「まずは、インターネットを経由して安全に会社のネットワークへ接続できるよう、VPN (Virtual Private Network) というツールを導入します。そうすれば、自宅で会社にいるのと同じようにパソコンが使えるはずです」と、理本さんは説明しました。「ただ、ちょっと不安要素がある」ことも正直に伝えました。

名庭工業のテレワーク導入は、理本さんの肩に掛かっているとも言えます。改めて、総務部長は理本さんに伝えます。「理本さん、頼みましたよ!」(図 1.6.1)

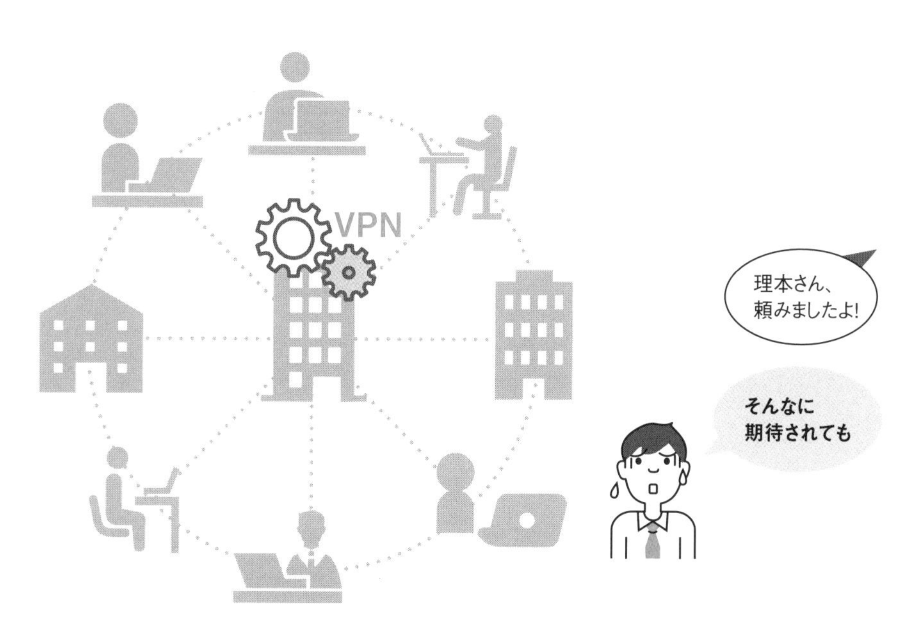

◆ 図 1.6.1 ワンオペ情シスへのしかかる期待

日本の企業のテレワークの導入状況

日本の企業においては、どのくらいの割合でテレワークが導入されているのでしょうか？ 2022年3月に総務省により公表された、株式会社東京商工リサーチの『テレワークセキュリティに係る実態調査　調査報告書』によると、全体では「従前から導入している」が6.4%であり、「新型コロナウイルス対策のため導入」の21.6%を合わせると、28%（約3割）になります。

これを従業員数の規模別にみると（図1）、300人以上では68.7%（約7割）を占めますが、10～19人では19.9%（約2割）となり、この割合が多いのか少ないのかは評価が別れると思います。ただ、規模が小さくなるほど導入の割合が少なくなるのは確かです。

そもそもテレワークに向かない業務があるとしても、全体では64.2%が「導入していないし、具体的な導入予定もない」ことから、テレワークはまだまだ今後の伸びしろがあるとも言えるのではないでしょうか。

[図表2-3　テレワークの導入状況（規模別）]

■ 従前から導入している　■ 新型コロナウイルス対策のため導入
■ 以前導入していたが、既に導入をやめた　■ 今後導入予定である
■ 導入していないし、具体的な導入予定もない

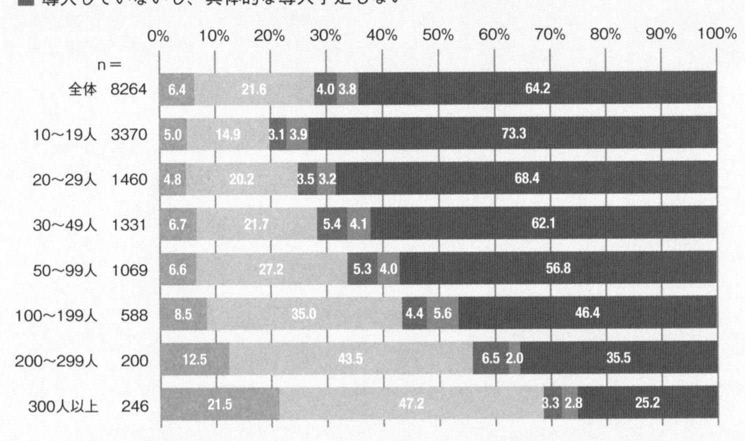

出典）『テレワークセキュリティに係る実態調査　調査報告書　2022年3月』
株式会社東京商工リサーチ／総務省
https://www.soumu.go.jp/main_content/000811682.pdf

◆ 図1　テレワークの導入状況

第2章

[おさらい]テレワークの基礎知識

2.1 そもそもテレワークとは

テレワークの定義とその形態

あらためて「テレワーク」とは何なのか、ここで振り返っておきます。

テレワーク（telework）のテレ（tele）とは、古代ギリシャ語の接頭辞で「遠方の」を意味します。テレフォン、テレビジョンなどの「テレ」も同様です。この「テレ」に「ワーク」が付くことで、テレワークとは、本来「離れた場所から働くこと」を意味します。

現在ではテレワークのことを、「情報通信技術（ICT：Information and Communication Technology）を活用し、場所や時間を有効に活用できる柔軟な働き方」と定義することが多いようです。また、「リモートワーク」や「モバイルワーク」と呼ばれることもあります（図2.1.1）。

「柔軟な働き方」という面では、「働き方改革」の切り札のように取り上げられました。これが新型コロナ禍に入ると、感染拡大防止の手段として大きく注目を集めたのです。

一般的にテレワークの形態としては、次の三つがあげられます（図2.1.2）。ただし、本書では三つの形態を明確に区別せず、在宅勤務に焦点を当てて説明を進めます。

在宅勤務

自宅で業務を行うことです。自宅がそのまま仕事場になるため、通勤の移動時間がなくなります。

サテライトオフィス勤務

自宅近くや通勤途中の場所等に設けられたサテライトオフィスで業務を行うことです。サテライトオフィスには、シェアオフィスやコワーキングスペースなどを含みます。

モバイル勤務

ノートパソコン等を持ち出して、外出先の場所で業務を行うことです。営業職など外出の多い人は、出張の合間にカフェで仕事をしたり、移動中の新幹線で仕事をしたりと、従来から同じような形態があったのではないでしょうか。

◆ 図 2.1.1　三つの「ワーク」

◆ 図 2.1.2　三つの勤務形態

2.2 テレワークで必要な環境

最低限必要なのはパソコンとネットワーク、適した環境

ここではテレワークの環境として、当たり前のことを確認しておきます。まず最低限必要なのは、「パソコン」と「ネットワーク」です。これがないと、そもそもテレワークが成り立ちません。会社のパソコンを持ち出すことを考えれば、ノートパソコンでWi-Fiを使ってインターネット接続するのがとても便利です。

しかし、それだけでは業務に支障が生じます。例えば、Eメールが使えないと仕事になりません。社内のファイルサーバーに保存しているドキュメントへアクセスできないと困ります。業務の効率を高めるチャットやWeb会議といったコミュニケーションツールも欠かせないでしょう（図2.2.1）。

この他にも、基本的な環境として重要なものがあります。仕事に適した机やイス、部屋などの物理的な環境は、仕事を快適にできるかどうかに大きく影響します。場合によっては、「テレワークで腰痛が悪化した」「自宅だと仕事に集中できない」「生活音がひどく、Web会議どころじゃない」といった声が聞こえてきそうです。

ただ、自宅にテレワーク用の仕事部屋を持てる人は少ないはずです。リビングや寝室などを利用して、快適に仕事ができるような工夫が必要でしょう（図2.2.2）。

労務管理面での考慮も必要

本書では深くは触れませんが、労務管理面での考慮も必要です。テレワークは基本的に非対面となるため、社員の業務状況や進捗過程が把握しづらいという側面があるからです。もちろんテレワークだとしても、労働基準関係法令（労働基準法等）の遵守は絶対です。テレワークを導入するには、会社の人事制度や就業規則などの見直しが必要になることも考えられます。

こうした中、本書では主にネットワークの技術的な環境整備を中心に解説を進めます。よって、基礎知識の振り返りとしては、次の三つに絞って説明します。

- ファイルの共有、チャットツールによる情報伝達
- クラウドサービスの活用
- 社内ネットワークへの接続

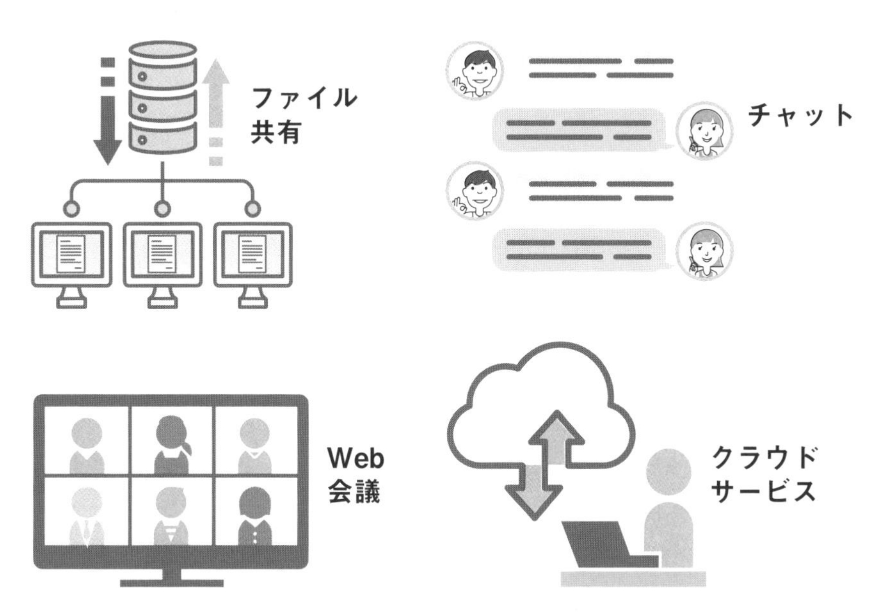

◆ 図 2.2.1　欠かせないコミュニケーションツール

◆ 図 2.2.2　快適な自宅環境

2.3 ファイルの共有、チャットツールによる情報伝達

ファイルの共有

社内業務では､社内にあるファイルサーバーの共有ディスクにドキュメント（データファイル）を保存することが多いはずです。社内ネットワークにパソコンを接続すれば、ネットワークドライブとして容易にアクセスできます（図 2.3.1)。

ただし、テレワークの環境からインターネットを経由して社内ネットワークへ直接入り込むことは困難です。ファイアウォール等のネットワーク機器により、インターネット側からのアクセスは遮断されます。この場合、後述する VPN（Virtual Private Network）を使えば、テレワークの環境から社内ネットワークへ接続し、社内と同様な利用が可能となります。

これに対して、取引先等の社外担当者とドキュメントを共有する際には、「Google ドライブ」や「Dropbox」などのオンラインストレージを利用する機会が増えています。これらは、インターネットを経由してファイルを共有するクラウドサービスです。最近では社内にファイルサーバーを置かずに､「OneDrive」や「Box」などのクラウドサービスを､社内のファイル共有で使う企業もあります。

これらのサービスは、テレワークの環境から直接インターネット経由で利用することが可能です。

チャットツールによる情報伝達

社内の身近なメンバーに対して、ちょっとした連絡を E メールでするのは煩雑に感じる方がいるかもしれません。例えば「LINE」のように、もっと気軽にメッセージのやり取りができないのか？ と思っている方もいることでしょう。そうしたニーズに対応するのが､「Chatwork」や「Slack」､「Teams」といったコミュニケーションツールで、いわゆるチャットツールと呼ばれるものです（図 2.3.2)。

これらのツールは、クラウドサービスとして提供されるものが多いため、そのままテレワークの環境から利用することが可能です。

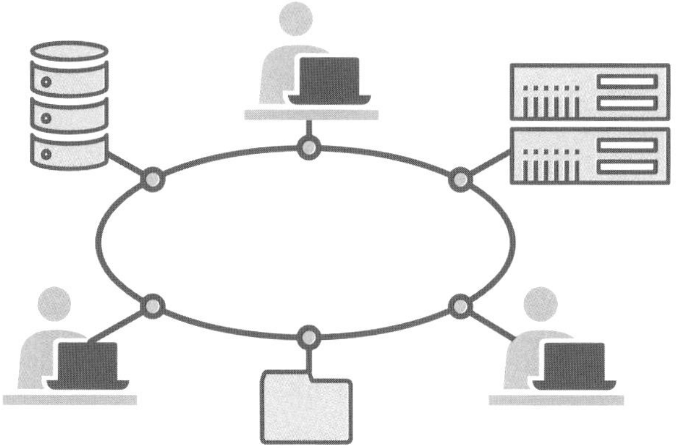

◆ 図 2.3.1　ネットワークドライブによるファイル共有

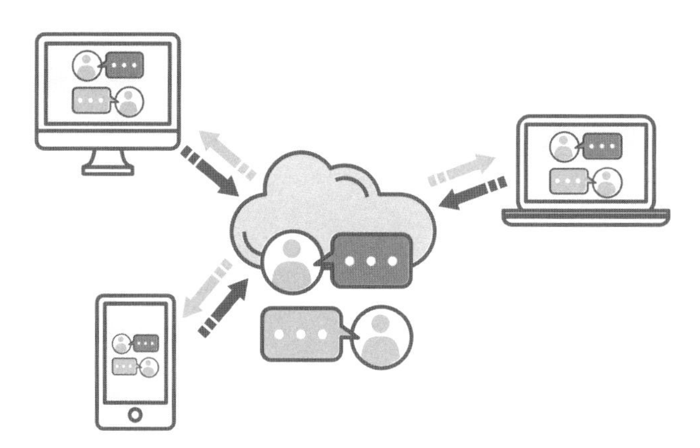

◆ 図 2.3.2　クラウドサービスによるチャットツールの利用

2.4 クラウドサービスの活用

SaaS、PaaS、IaaSの基本

企業の会計システムや人事労務システム、勤怠管理システムなどの多くは、一般的に社内にサーバーを置いて構築しています。この場合、社内にあるファイルサーバーと同様、そのままテレワークの環境から利用することはできません。

近年では外部のデータセンターへサーバーを置いたり、データセンターのサーバーを借りたり、アプリケーションサービスを利用したり、いろいろなクラウドサービスの種類が存在します。

ここでは、クラウドサービスの基本的な三つの分類を振り返っておきます（図2.4.1）。

SaaS（Software as a Service）

サーズまたはサースと呼ばれています。電子メールやスケジュール管理、文書作成等のソフトウェア（アプリケーション）レベルの資源を提供するサービスです。

PaaS（Platform as a Service）

パースと呼ばれています。アプリケーションを開発・実行するためのデータベースや、開発フレームワーク等のプラットフォームレベルの資源を提供するサービスです。

IaaS（Infrastructure as a Service）

イアースまたはアイアースと呼ばれています。サーバーや記憶領域（ストレージ）等のハードウェアレベルの資源を提供するサービスです。

パブリッククラウドとプライベートクラウド

また、クラウドサービスには、パブリッククラウドやプライベートクラウドと呼ばれるものがあります。パブリッククラウドはインターネット経由のアクセスになるため、そのままテレワークの環境から利用が可能です。プライベートクラ

ウドは特定の企業ネットワークにアクセスが制限されるため、テレワークの環境ではVPNによる社内ネットワークへの接続が必要になります。

チャットツールのようなパブリッククラウドのSaaSで利用しているサービスは別として、社内にある会計システム等をパブリッククラウドで利用するのは非常に困難です。一般的に社内の各種業務システムをSaaSのアプリケーションやPaaSのプラットフォームへ移行するのは、そう簡単にできることではないからです。

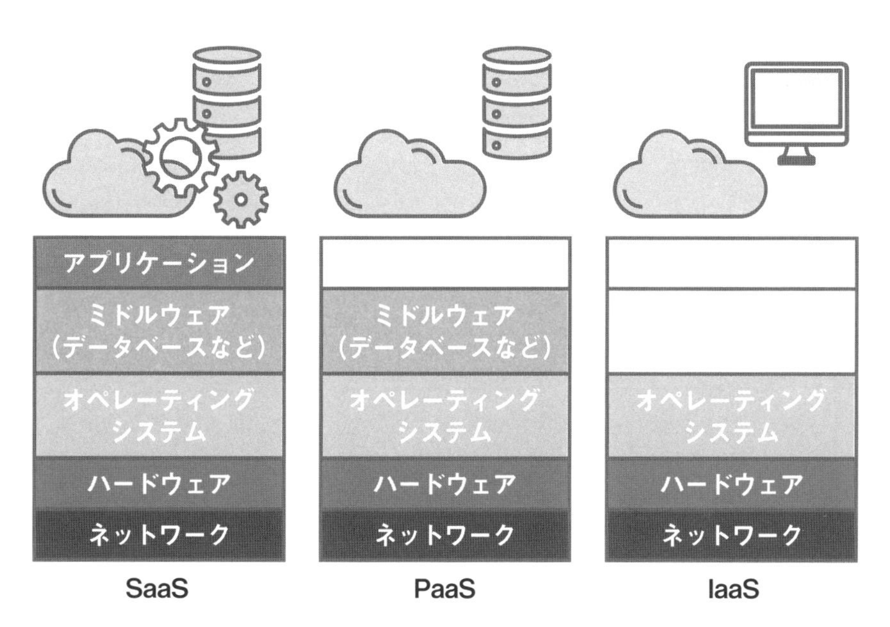

◆ 図2.4.1　SaaS、PaaS、IaaSのイメージ

2.5 社内ネットワークへの接続

直接、社内ネットワークへ接続するのは困難

すでにパブリッククラウドで利用しているシステム等であれば、テレワークの環境になったとしても、あまり社内と変わりなく業務を進めることができそうです。しかし、そのようなシステムはかなり限定されますよね。「そんなシステムは、ほぼゼロ」という企業もあるかもしれません。

そうなると、自宅等からインターネットを使って社内ネットワークへ接続する仕組みが必要になります。一般的に、社内ネットワークと外部のインターネットを接続する境界には、ファイアウォールなどのネットワーク機器を設置します。ファイアウォールでは、内部起点の通信（内部から外部へのアクセス）は通過しますが、外部起点の通信（外部から内部へのアクセス）は遮断します（図 2.5.1）。

よって、自宅からインターネット経由で社内ネットワークへ直接入り込むことはできないのです。例外的に外部からアクセスできるよう、ファイアウォールの設定を変更することもできないわけではありません（ファイアウォールに穴をあけるイメージ）。ただし、この方法は外部から不正アクセス等のセキュリティリスクを高めることにつながります。

VPN を使えば社内ネットワークへ接続可能

そこで登場するのが VPN（Virtual Private Network）です。日本語に訳すと仮想私設網。インターネット上に自宅と会社を結ぶ、仮想の専用線を敷設する仕組みです。インターネット網の中にトンネルを開通するイメージから、これをトンネリングと呼ぶことがあります（図 2.5.2）。

VPN では、接続先の認証や通信内容の秘匿化（暗号化）機能等により、インターネットを使ってセキュアな通信が実現できます。ただし、VPN は大企業を対象にしたソリューションが多く、ネットワーク機器やソフトウェア製品の導入費用が高額になりがちです。中小企業にとっては、VPN の構築が高いハードルになると考えられるのです。

このようなことから本書では、ハードウェアに通称「ラズパイ」と呼ばれる安

価な小型コンピュータであるRaspberry Piを、VPNソフトに業務用に無償で使える「SoftEther VPN」を用いました。詳しくは、第2部で説明していきます。

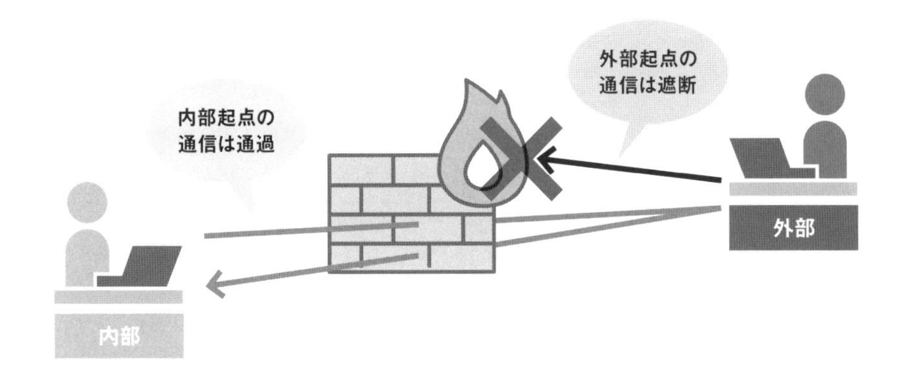

◆ 図2.5.1　ファイアウォールの動作

◆ 図2.5.2　トンネリングのイメージ

2.6 テレワークのメリット、デメリット

いいことばかりではないテレワーク

本書では、テレワークとオフィスワークを組み合わせた働き方を想定しています。最近はこれを「ハイブリッドワーク」と呼ぶようです。業務の内容や家庭の事情、本人の意向などを考慮し、テレワークとオフィスワークを使い分ける働き方です。

テレワークの活用には確かに良い点がいろいろありますが、悪い点もあります。ここでは、テレワークのメリットとデメリットをあげておきます。

テレワークのメリット

ここではテレワークのメリットとして、次の三つをあげておきます（図 2.6.1）。

多様な働き方の実現

自身の事情や業務の状況に合わせて、場所の制約なく柔軟に働けるようになります。従来のフルタイム出社が難しいケースに対応することができ、人材の雇用や活躍の機会が増えます。

労働生産性の向上

テレワークでは、満員電車や長い通勤時間に伴う社員のストレスが軽減できます。業務時間を有効活用できるとともに、個人で集中できる時間を確保しやすいという面もあります。社員の自主的な取り組みを促進し、高いモチベーションにより業務成果の向上につながるのです。

コスト低減

デジタル化による経費削減やオフィススペースの有効活用、不要な残業がなくなるなど、コスト面での効果が期待できます。

テレワークのデメリット

ここではテレワークのデメリットとして二つあげておきます（図 2.6.2）。

勤怠管理の難しさ

リアルに社員の様子が見られないため、上司が業務の進捗具合や体調の変化等を察することが難しくなります。また、サービス残業の増加につながる恐れも考えられます。

人事評価の不公平感

業務を遂行するプロセスを見ることが難しくなるため、より成果主義的な評価になりがちです。売上等で客観的に評価が可能な直接部門とは異なり、バックオフィスなどの間接部門では不平不満の高まりが懸念されます。

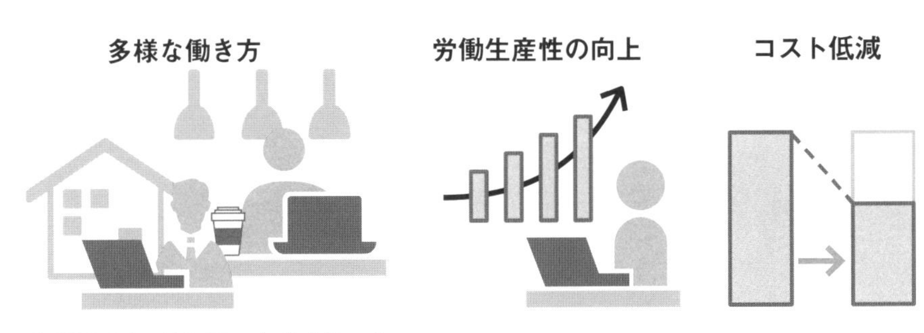

◆ 図 2.6.1　テレワークのメリット

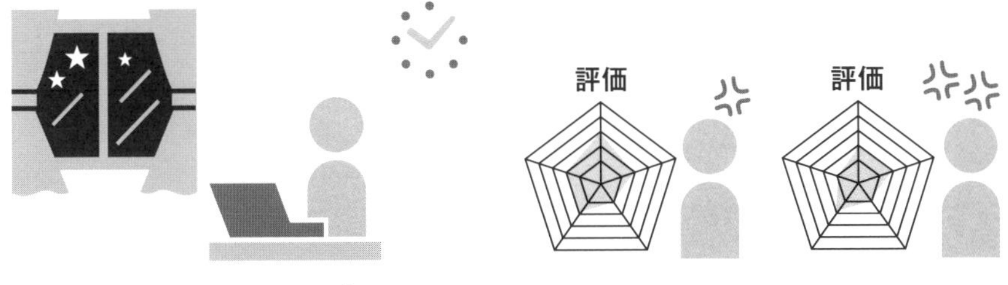

◆ 図 2.6.2　テレワークのデメリット

テレワークとリモートワークの違い

本書では、テレワークとリモートワークの違いを意識せずに用語を扱っています。ただし、世の中的には用語を使い分けているケースもあるので、ここで補足しておきます。

テレワークは、「情報通信技術（ICT）を活用し、場所や時間を有効に活用できる柔軟な働き方」の定義からすると、パソコンやネットワークなどICTを使うのが前提です。

これに対してリモートワークは、「会社以外の場所で働くこと」のように、広く捉えることがあるようです（明確な定義はないようです）。また、ICTを使うことを前提にしていないとも解釈できます。

よって、テレワークを「ICTを活用した柔軟な働き方」、リモートワークを「（単に）会社以外で働くこと」だと分けて考えることができるのです（図1）。

しかしながら、リモートワークといっても、実際にはICTを使う（テレワークに含まれる）ことが多いと思われます。リモートワークだけに該当する業務のイメージがつかないのは、筆者だけでしょうか……。

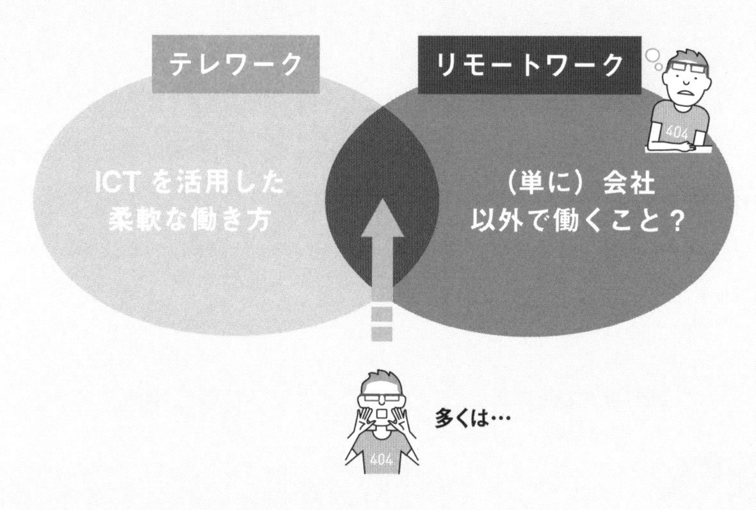

◆ 図1　テレワークとリモートワークの違い

第3章

中小企業のテレワーク環境とは

3.1 本書が提案するハイブリッド環境の概要①

中小企業に適したハイブリッドワークの環境

テレワークとオフィスワークを組み合わせた働き方をハイブリッドワークと紹介しました。本書では全面的にテレワークへの移行を考えるのではなく、中小企業に適した形でスピーディーにテレワーク環境が整備できるよう、VPNの構築を中心に説明を進めます。

ここからは、コンサルタントの照和さんに登場していただき、理本さんとのチャット形式で話を展開していきます。

先日SNSのメッセージでご連絡した、名庭工業の理本です。現状の社内ネットワーク環境を活かしながら、低予算でセキュアにテレワークが行えるネットワーク環境を整備したいのですが、大丈夫でしょうか？

もちろん！ 加えて「ワンオペ情シス」体制の「ワンオペDevOps[*1]」で……ということですね！

その通りです。

オッケー。とりあえず、それを「ハイブリッド環境」と呼びましょう。なんか、地球環境にも優しそう！

（ちょっと違和感あるが……）わかりました。

まずは、現状の社内ネットワーク図を見せてください。

こんな感じです（図3.1.1のネットワーク図を説明する）。

[*1] DevOps：開発（Development）と運用（Operations）を組み合わせた造語であり、開発担当者と運用担当者が連携・協力する開発手法をいう。

（ふむふむ）じゃあ、それをハイブリッド環境にすると、こんな感じ（図3.1.1のネットワーク図に色アミで囲んだ部分を描き加える）。

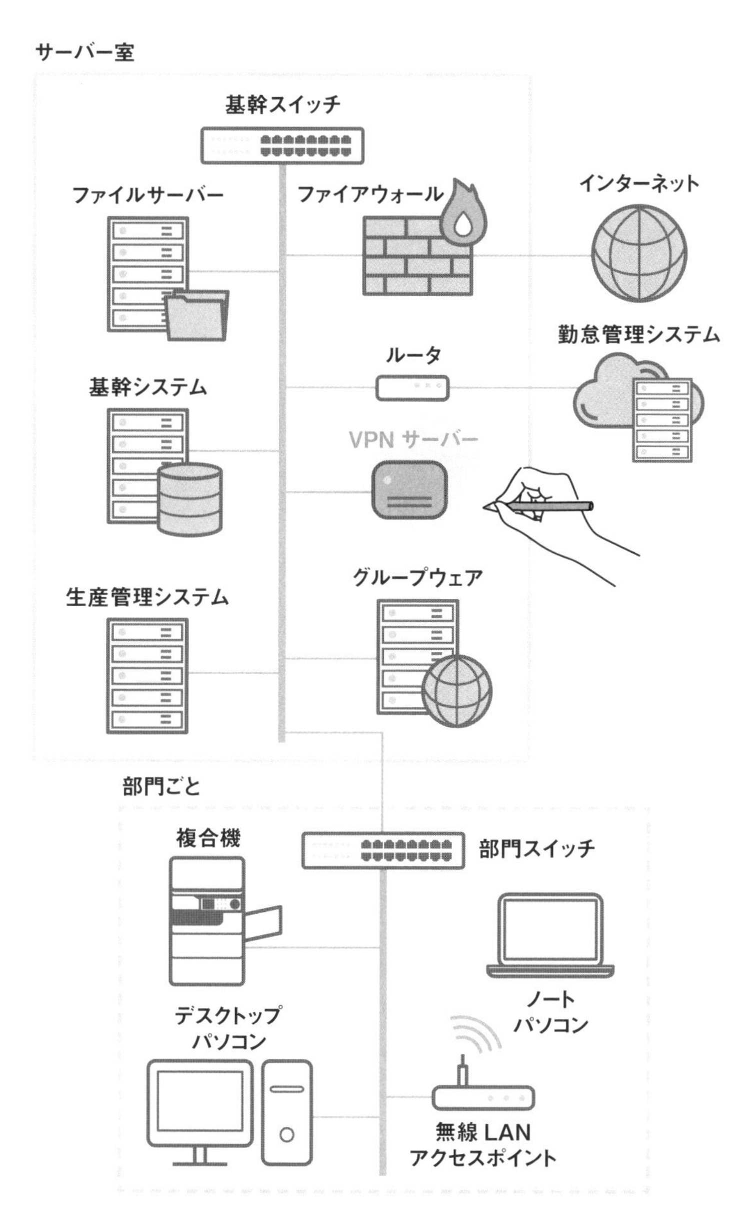

◆ 図3.1.1　社内ネットワーク図とVPNサーバー（追記）

3.2 本書が提案するハイブリッド環境の概要②

ポイントはシンプルで構築しやすい環境

照和さんが描き加えたネットワーク図を見て、理本さんは質問をしていきます。

社内のLANに設置する「VPNサーバー」ですが、現在サーバー機器を置いている場所（サーバー室）に、ほとんど空きスペースがないんですけど……。

大丈夫！ 手のひら大くらいのスペースがあれば置けます。

ホントですか？

（かばんから図3.2.1のラズパイを取り出しながら）これ、実物。

ええっ！（これがサーバー？ 大丈夫なのかな？）

これならもう1台予備機を設置したいと考えても、スペースは十分でしょう。

接続はどのようにするのですか？

有線のLANケーブルで基幹スイッチの空きポートへ接続するのと、USBケーブルで電源供給するだけです（図3.2.2）。無線LANも使えますよ。

社員の自宅ネットワークには、VPNサーバーのような機器は必要ないんですか？

そっちは、Windows OS で動作する VPN のクライアントソフトをインストールします。

そういうことですか……。もっと大掛かりな仕組みになると思っていましたが、とてもシンプルなんですね！

もちろん、それが中小企業に求められる要件ですからね。

◆ 図 3.2.1　手のひらサイズの Raspberry Pi：ラズパイ

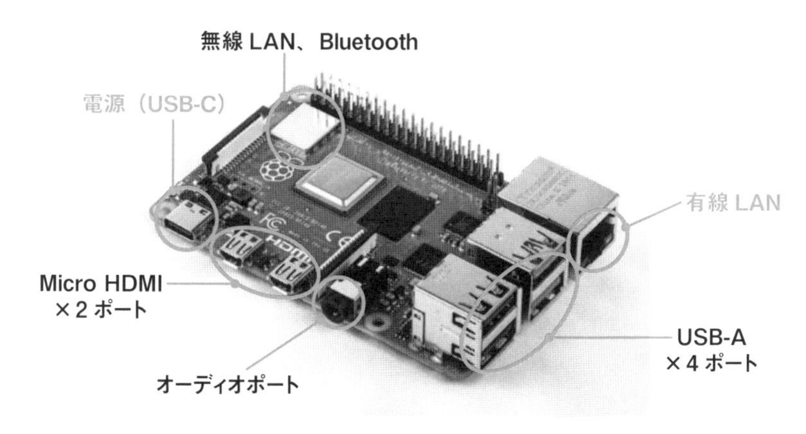

出典）ラズベリーパイ財団
　　※囲みとテキストは著者によるもの

◆ 図 3.2.2　ラズパイの各種インターフェイス

3.3 ネットワークはどうする?

まずは現状のネットワーク確認から

ネットワークに関して、理本さんの質問は続きます。

会社のインターネット回線はベストエフォート型の契約です。そのまま現状のものが使えますか？

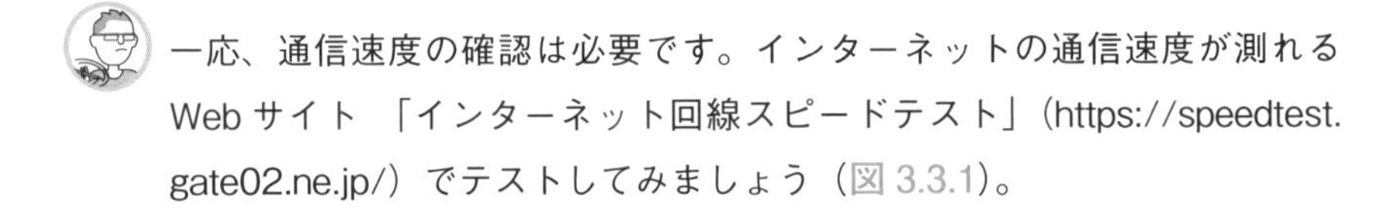

一応、通信速度の確認は必要です。インターネットの通信速度が測れるWebサイト 「インターネット回線スピードテスト」(https://speedtest.gate02.ne.jp/) でテストしてみましょう（図 3.3.1)。

（実際に速度を測ってみると）300Mbps くらい出ているから、当初はこのまま様子見でいいと思いますよ。

あと気になるのが、現在の回線契約では固定のグローバル IP アドレスが割り当てられていません。動的に IP アドレスが変わりますけど……。

それは大丈夫！ ダイナミック DNS が使えますから。

ダ、ダ、ダイナミック DNS ？ なんか凄そうな機能ですね。

詳しくは、追って説明します。

ファイアウォールの設定変更が必要ですか？ 僕自身で実施するのは難しいので（ベンダーにお任せで設定してもらったので)、できれば照和さんにお願いしたいのですが……。

それも特に必要ありませんよ！ NAT トラバーサルで解決できます。

またまた凄そうなのが出てきた！ それは、社員が自宅から接続する一般的なインターネット経由で問題ないのですか？

問題ありません。SSL（https:// ～から始まるURLへのアクセス）が使えれば大丈夫です（図3.3.2）。今どきSSLが使えないなんて、まずあり得ないでしょう。

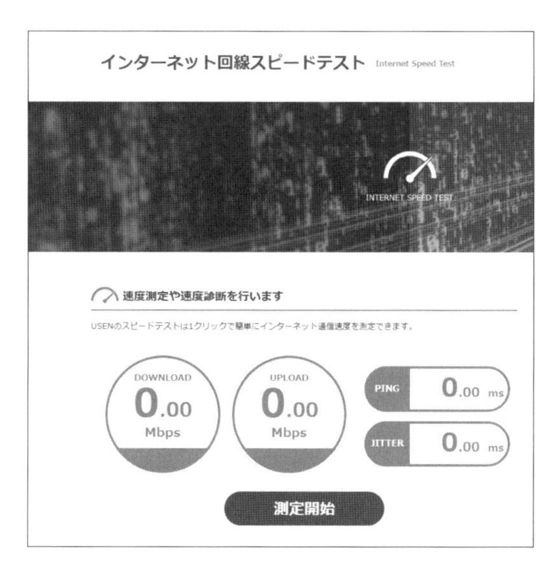

◆ 図3.3.1 「インターネット回線スピードテスト」

◆ 図3.3.2 https:// から始まるURL

3.4 自宅のインターネット回線を使う?

自宅環境もセキュリティ対策が重要

理本さんの質問は、社員が自宅で使うインターネット回線へと移ります。

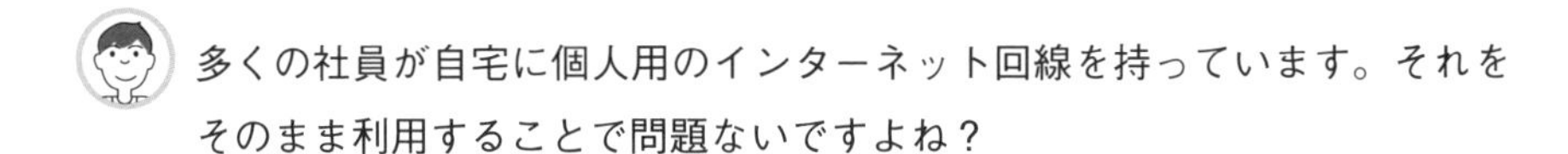

多くの社員が自宅に個人用のインターネット回線を持っています。それをそのまま利用することで問題ないですよね？

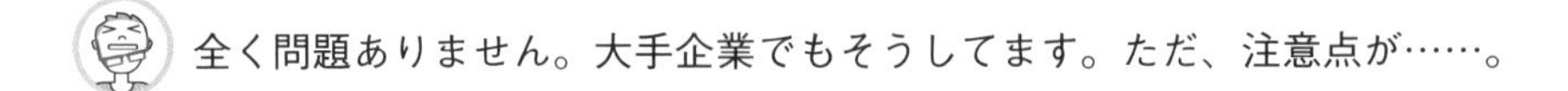

全く問題ありません。大手企業でもそうしてます。ただ、注意点が……。

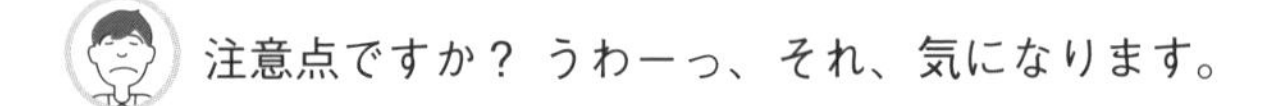

注意点ですか？ うわーっ、それ、気になります。

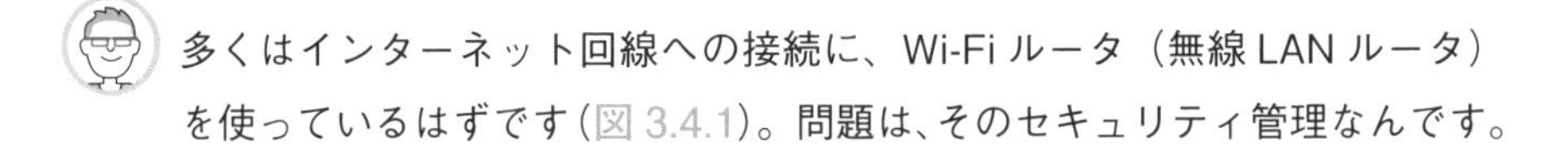

多くはインターネット回線への接続に、Wi-Fi ルータ（無線 LAN ルータ）を使っているはずです（図 3.4.1）。問題は、そのセキュリティ管理なんです。

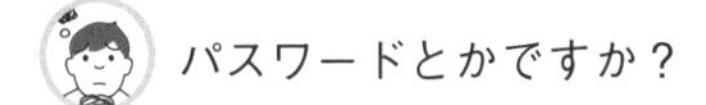

パスワードとかですか？

それも確かに注意が必要です。最近の製品は、初期段階で複雑なパスワードが設定されているものが多いです。だけど、昔はそうじゃない（どれも単純で同じ初期パスワードの）時代もありました。

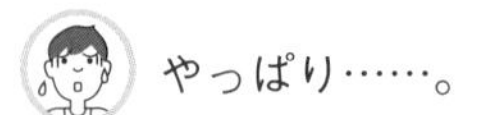

やっぱり……。

ここで注意をお願いしたいのは、ルータ本体のファームウェアを最新にアップデートしているかどうかです（図 3.4.2）。外部からの不正アクセスを許すといった、重大な脆弱性が見つかることもありますから。

怖いですっ！ でも、それは会社で関与するのが難しいですよ！

そうなんです。だから、セキュリティ対策としては、社員に対する注意喚起等の教育が重要になります。セキュリティ関係については、また別の機会に話しますよ。

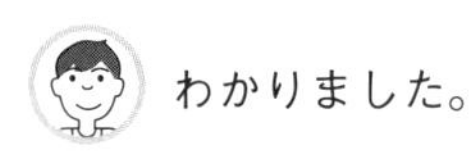

わかりました。

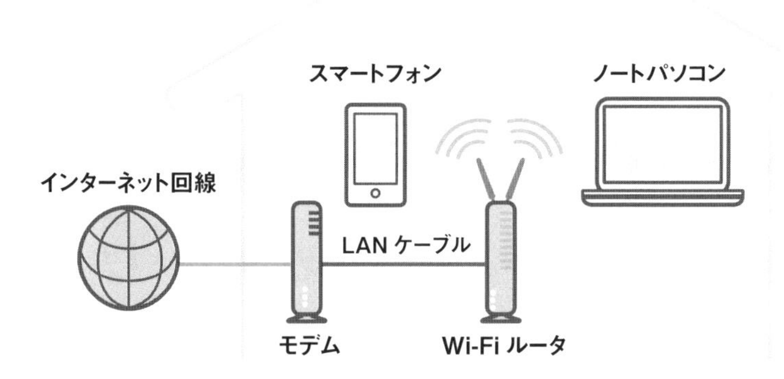

◆ 図 3.4.1　Wi-Fi ルータの設置イメージ

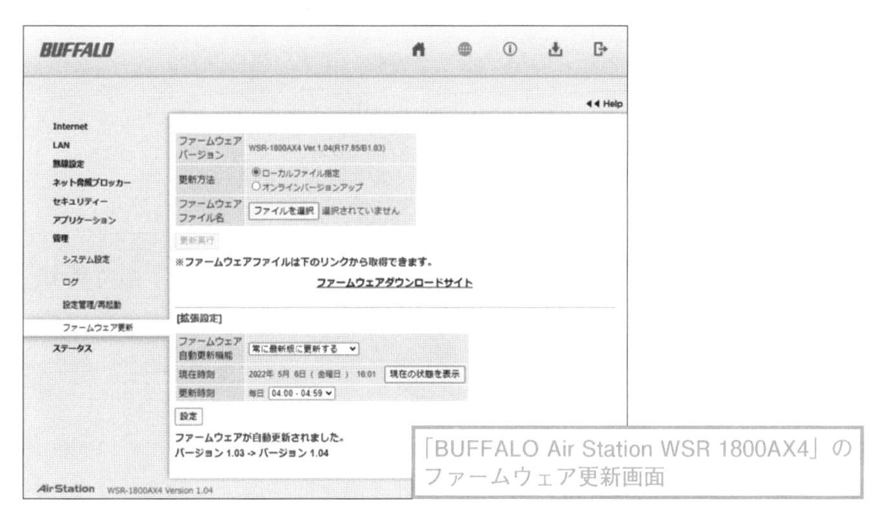

◆ 図 3.4.2　ファームウェアの更新画面

3.5 会社のネットワークに変更は?

ダイナミック DNS と NAT トラバーサルの仕組み

理本さんは、本当に会社のネットワークに変更が必要ないのか気になります。

自宅からインターネット経由で VPN 接続し、会社のネットワークに入り込んでファイルサーバーとかにアクセスできるんですよね。本当に、ファイアウォールに穴を開けるようなことは必要ないのですか？

では、簡単にダイナミック DNS と NAT トラバーサルの仕組みを説明しておきます。今回利用する「SoftEther VPN（詳しくは第 2 部で説明）」では、VPN の提供元が運営する外部サイトのサーバーが使えます。

ふむふむ。

ダイナミック DNS サーバーに VPN 用のホスト情報が登録され、VPN サーバー側のグローバル IP アドレスが変わった際には、ホスト名に対するグローバル IP アドレスの割り当てを更新します（図 3.5.1）。

そして NAT トラバーサルの中継サーバーが、VPN クライアントと VPN サーバーの通信を中継してくれるんです（図 3.5.2）。

つまり VPN サーバーの通信も、内部を起点として外部サイトの中継サーバーへ接続するため、ファイアウォールの内側からアクセスできる。そういうことですよね！

理解が早いですね。ただ、NAT トラバーサル機能にはいくつかの方式があって、今回使用する SoftEther VPN では「UDP ホールパンチング」をデフォルトで利用するんです。この説明も続けますか？

うわーっ！ またまた凄そうな機能が……。

このまま難しいのが続くと知恵熱が出そうなので、ちょっと話題を変えてもいいですか？

わかりました。

会話の中のUDPホールパンチングの詳細については、第2部で説明します。

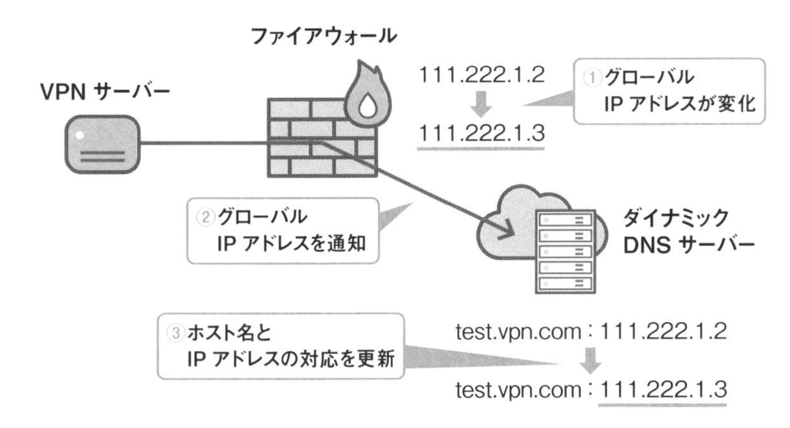

◆ 図3.5.1　ダイナミックDNSの仕組み

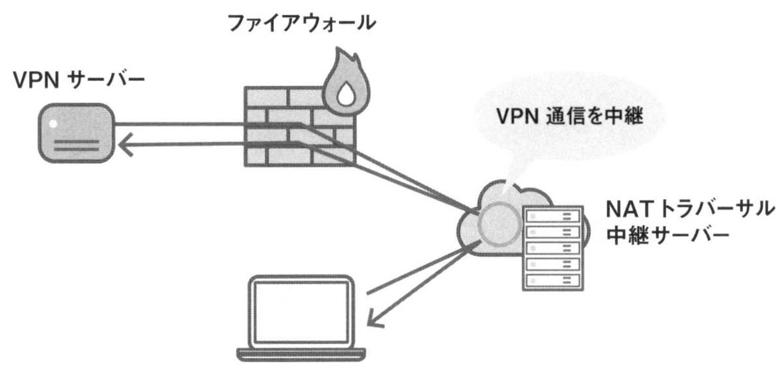

◆ 図3.5.2　NATトラバーサルの仕組み

3.6 仕事用のパソコンはどうする?

原則は会社支給のノートパソコンを使用

話題は、ネットワークから使用するパソコンへと変わります。

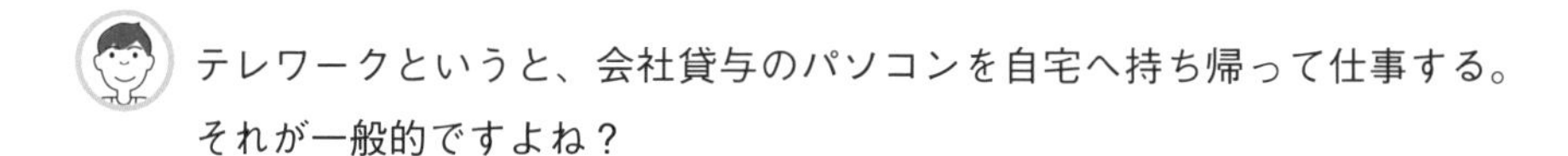

テレワークというと、会社貸与のパソコンを自宅へ持ち帰って仕事する。それが一般的ですよね？

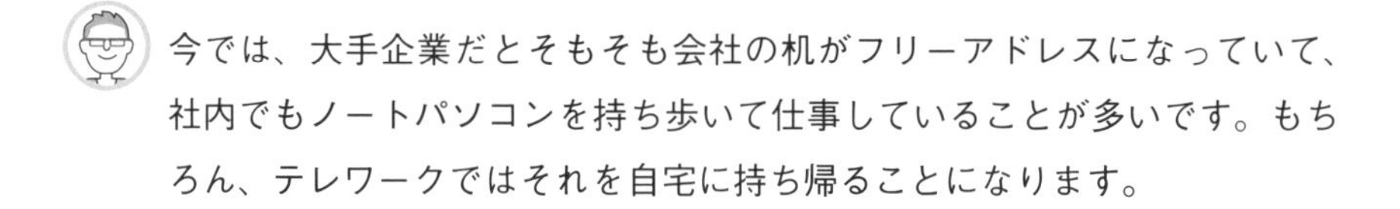

今では、大手企業だとそもそも会社の机がフリーアドレスになっていて、社内でもノートパソコンを持ち歩いて仕事していることが多いです。もちろん、テレワークではそれを自宅に持ち帰ることになります。

この数年でよく見るようになった、カフェみたいなオフィスですよね（図3.6.1）。とてもおしゃれで、うらやましい限りです。うちの会社は、部署ごとに机を並べた典型的な島型オフィスのままで、まさに昭和レトロです。

それも味があっていいじゃないですか。私は洒落た感じだと落ち着いて仕事ができないタイプなので、カフェスタイルのオフィスはちょっと苦手です。

話を戻しますと、実は会社でデスクトップパソコンを使っている社員がいるんです。順次ノートタイプへ切り替えているんですが、デスクトップじゃないと嫌だという社員もいます。

それはまた、硬派？ な方々がおられるようで……。

とりあえず、デスクトップパソコンをテレワークの都度、家に持ち帰るなんて絶対あり得ないし、ノートと違って内蔵のカメラとマイクが付いてないので、別途購入も必要です（図3.6.2）。どうすればいいでしょうか？

いわゆるBYOD（Bring Your Own Device）といって、個人が私物として所有しているパソコンの業務利用を許可する企業もあります。会社のノートパソコンを家に持ち帰るのを原則とし、例外的に自宅のパソコンを使うことも考えるのはどうでしょう？

◆ 図3.6.1　フリーアドレスのオフィス

◆ 図3.6.2　デスクトップパソコンを持ち帰ってテレワーク？

3.7 自宅のパソコンを使う場合

個人パソコンを業務に利用することへの不安

理本さんは、社員が業務で自宅の個人パソコンを使うことについて、違和感を持っています。

先ほどのBYODって、日本で採用している企業は多いんですか？

日本は諸外国と比べて、BYODを実施している企業は少ないようです。某団体の調査では、2割程度との報告もあります。やはり情報セキュリティ面での不安が大きいみたいですね。BYODの実施により仮にコスト低減等の効果があるとしても、そこまで踏み切れないのが現状だと思います。

例外として、一部の社員を対象に個人パソコンの業務利用を許可するとします。でも、会社のパソコンと同様に使われるのはとても心配です（図3.7.1）。

その場合、運用上のルールとして、マルウェア対策ソフトの導入やセキュリティパッチの適用などは必要です。また、できるだけ個人パソコンのローカルディスク内に、データファイル等を保存しないことも重要ですね。

そのような情報セキュリティ対策は、社員に対してお願いベースでの話になるため、適切に実施してもらえるかはわかりません。

何か良い仕組みや方法はないのでしょうか？

「シンクラ」って聞いたことありますか？

一時期、話題となった「シンクライアント（Thin Client）」のことですか？サーバー側で仮想のデスクトップ環境（OSやアプリケーション、データ等）

を持ち、クライアント側では画面の表示や操作だけに機能を限定する（図3.7.2）、いわゆる「ダム端末[*2]」みたいなものですよね？

えーっっっ、ダム端末、知ってるんですか？ まさか勘違いしてないですよね。

◆ 図3.7.1　BYODは不安？

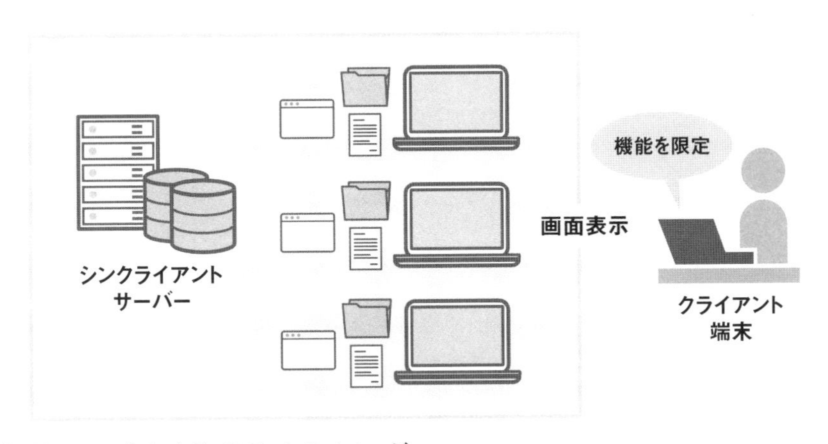

◆ 図3.7.2　シンクライアントのイメージ

＊2　ダム端末：ホストコンピュータから文字データを受け取り、単に表示するだけの機能を持つ端末。ダム：dumbの意味からバカ端末とも呼ばれる。

3.8 今さら聞けないシンクラ

シンクラとリモートデスクトップの導入を検討

思いもよらない理本さんのダム端末発言から、シンクラの話が進みます。

確かにシンクラだったら、業務で自宅の個人パソコンを使うとしても、格段にセキュリティレベルは上がるような気がします。

ローカルディスクにデータファイル等を保存することはできませんし、利用できるアプリケーションも制限できます。テレワーク時に会社貸与のノートパソコンを使う場合でも、シンクラの方が情報漏えい等のセキュリティリスクを低減できるはずです（図 3.8.1）。

シンクラって、通常のローカルで処理するパソコンと比べて動作が遅く、使いものにならないといった話を聞いたことがあります。実際どうなのでしょう？

ずいぶんと改善されていますが、やっぱりローカルでの処理速度にはかなわないですね。シンクラを導入した後に、ローカルへ逆戻りした大手企業も少なくないですから。

僕は社内システムのサーバーを管理する際に、サーバーへリモートデスクトップで接続しています。そんな使い方もシンクラの一種ですよね？

そうですね。実際にテレワークで、自宅から会社のパソコンにVPNでリモートデスクトップ接続して業務を行う企業もあります（図 3.8.2）。もちろん、会社にあるパソコンの電源をONにしておくことは必要ですけど。

うちの会社の場合、デスクトップ派の社員に限定して個人パソコンからリモートデスクトップ接続する、というのはありかもしれません。

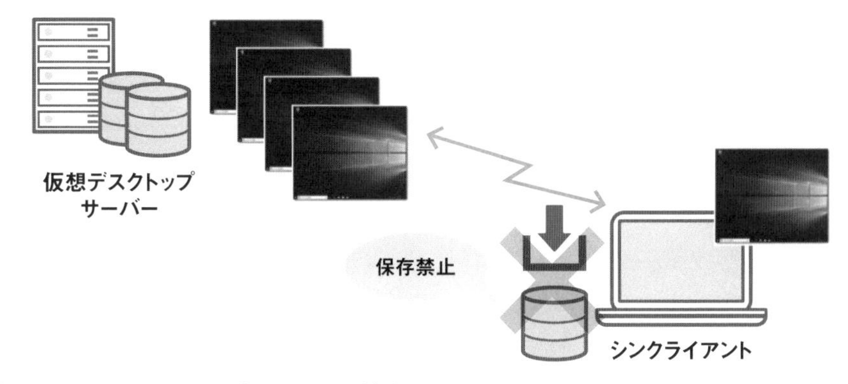

◆ 図 3.8.1　シンクラの利用でリスク低減？

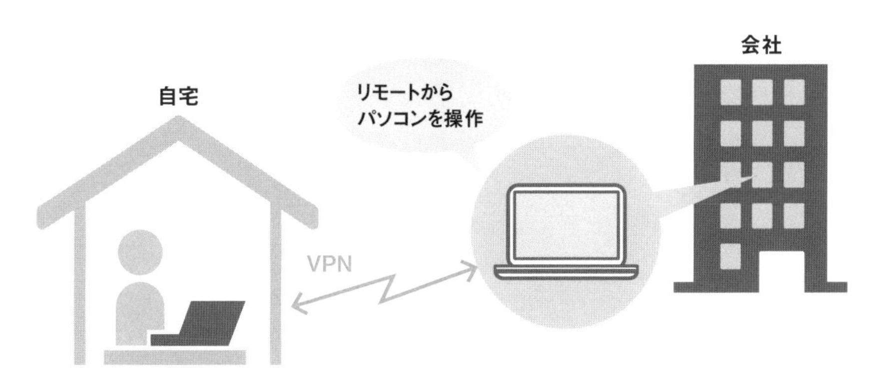

◆ 図 3.8.2　会社のパソコンをリモート操作

3.9 DaaSという選択肢

DaaSなら柔軟な対応が可能

さらにシンクラに関する話題が続きます。

シンクラといえば、サーバーに大規模な仕組みが必要になるため、大企業じゃないと導入できないイメージが強いです。それはどうなんでしょう？

それは確かに否定はできませんね。でも、最近だとDaaSを使えばかなり現実味は増すと思いますよ。

ダース？ クラウドサービスによるダム端末ですか？

残念ながら「Desktop as a Service」の略語で、仮想のデスクトップ環境をクラウドサービスで提供するものです。シンクラの社内サーバーがクラウド環境へ移ったと思えばわかりやすいですかね（図3.9.1）。

価格は中小企業でも手が届く感じですか？

デスクトップ環境のカスタマイズ性などの違いで実際にはいろいろな種類のサービスがあり、価格や内容もピンキリのようです。パブリックタイプで共通したデスクトップ環境を使うのなら、手が届きやすいサービスもありますよ。

DaaSのメリットとしては（図3.9.2）、①サーバー管理の保守等が不要なこと、②比較的短期間で導入が可能なこと、③利用者数の増減に対応しやすいこと、でしょうか？

さすがです！ 社内のファイルサーバーと連携できるサービスも多いから、検討の余地は十分あると思います。

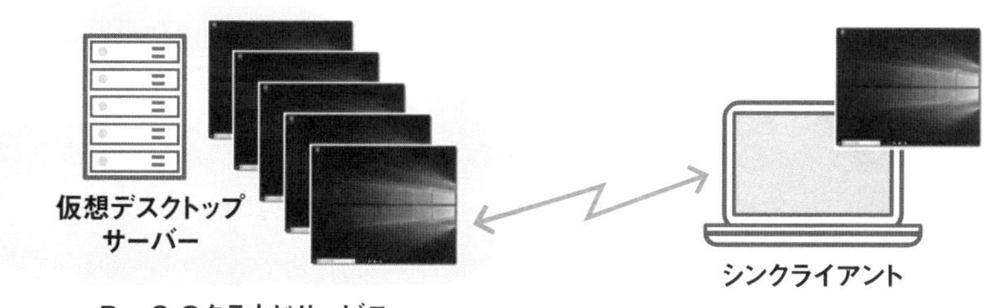

DaaS のクラウドサービス

◆ 図 3.9.1　DaaS のイメージ

保守等が不要

短期で導入可能

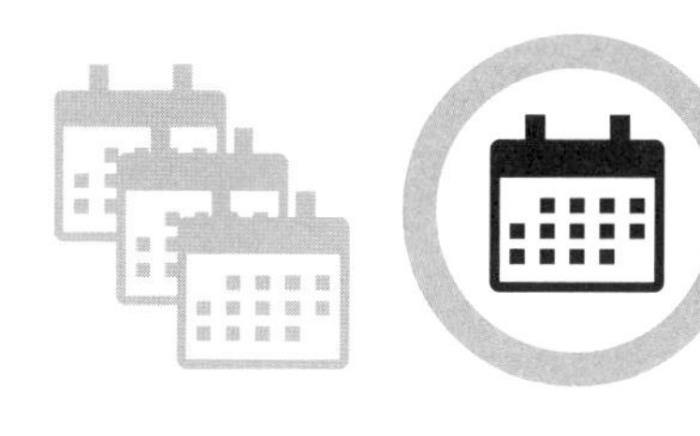

利用者数の増減に柔軟対応

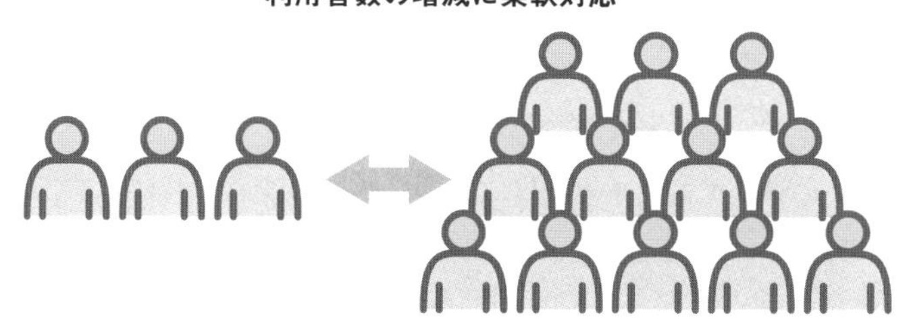

◆ 図 3.9.2　DaaS のメリット

3.10 社内のファイルサーバーへのアクセスは?

テレワーク環境からVPNを利用した接続の基本

理本さんは、社内のファイルサーバーへのアクセスについて、技術的な内容が気になります。

テレワークの環境からファイルサーバーへのアクセスについて、少し踏み込んで質問してもいいですか？

いいですよ！ どんどん聞いてください。

ファイルサーバーでファイル共有する場合、SMB（Server Message Block）のプロトコルが用いられ、通信で使うサーバー側のポートは445番です（図3.10.1）。VPNでは、このポート番号に対して何らかの設定等は必要ないんですか？

かなり技術的な話になってきました。この場合、VPNクライアントとVPNサーバーが使う通信のポートは、445番とは別の番号（プロトコル）になります。しかし、仮にVPNが何番のポートを使おうと、内部起点の通信ならファイアウォールは（原則）通過可能。これは、すでに話したことですね。

理解しています。

VPNでは、VPNの通信パケットのデータ部に、SMBの通信パケット全体（ヘッダー部とデータ部）をカプセル化します（図3.10.2）。

つまり、VPNの中にSMBが埋め込まれるということですか？

正解！ VPN では VPN のデータ部に SMB の通信パケットを埋め込んだり、逆に元通りに戻したりするんです。

VPN のトンネルに入った瞬間に VPN の通信パケットに SMB が包み込まれ、トンネルを出た瞬間に SMB が元通りに取り出される、ということですね。なるほど……。

◆ 図 3.10.1　SMB での通信イメージ

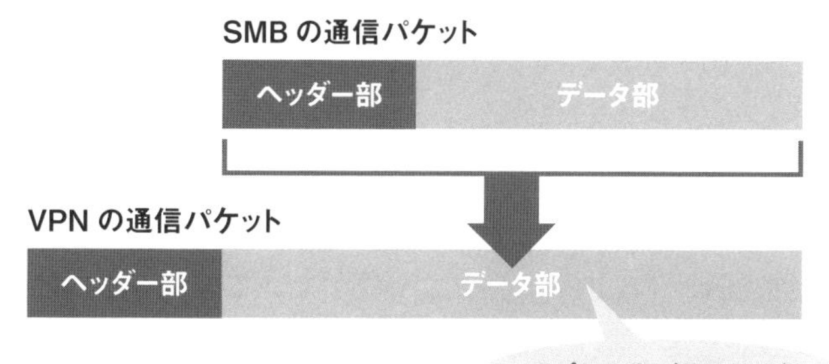

◆ 図 3.10.2　カプセル化のイメージ

3.11 社内の業務システムへのアクセスは?

速度の問題が発生する可能性

さらに社内の業務システムへのアクセスを考えることで、理本さんの理解は深まります。

例えば、Webブラウザを画面に用いる業務システムでは、443番ポートのSSL（Secure Sockets Layer）というプロトコルを用いることがあります。そして、実際にはVPNの通信でもSSLを使うことがあるんです。

こんな話をすると、ややこしくなって混乱しますか？

大丈夫です。

社内の業務システムでSSLを使っているものがあれば、VPNの通信でSSLを、SSLでカプセル化することになります。SSLが多段階にカプセル化されるイメージです。これも理解できますよね？

もちろんです。うちの会社だと、勤怠管理システムは専用線経由でベンダーのプライベートクラウドを利用しています（図3.11.1）。Webブラウザを使ってURL（https://～）アクセスしているので、この場合はSSLをさらにSSLで包み込むことになるはずです。

その通りです！

ここで気になるのが、この勤怠管理システムの操作レスポンスがかなり悪くなることがあるんです。そもそも専用線の通信速度が遅く、前日の勤務実績を整理する朝一番と、月締め処理をする月初に入力操作が集中するためです。

それが VPN になると、さらに状況が悪化するのではないかと心配です。

単純に考えても、VPN でカプセル化するとオーバーヘッド（多段階の通信処理に伴う遅れ）が生じます。また、カプセル化の際に通信パケットの最大サイズに収まるよう、元の通信パケットを分割することがあるため、流れる通信パケットの数が増えることになるんです（図 3.11.2）。

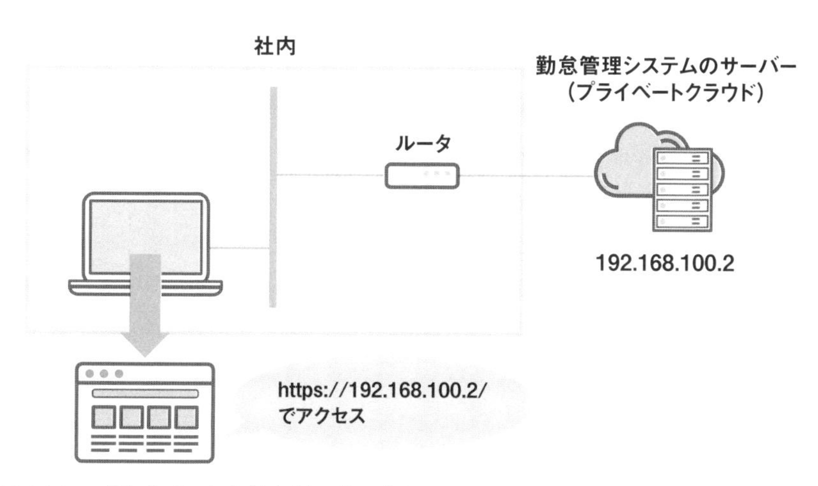

◆ 図 3.11.1　プライベートクラウドへのアクセス

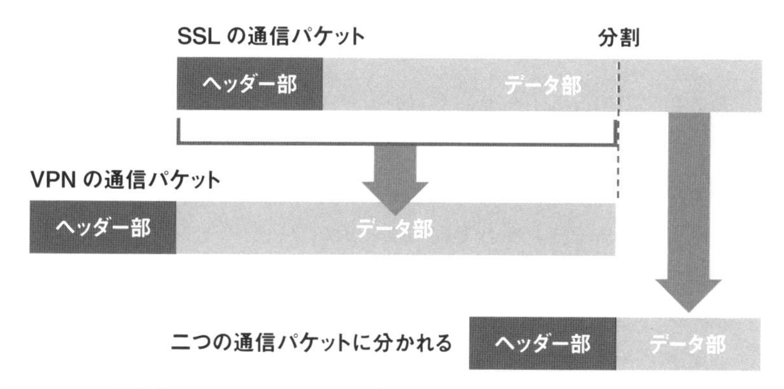

◆ 図 3.11.2　通信パケットの分割イメージ

3.12 業務システムがクラウドサービスだったら?

操作レスポンス、速度の問題の回避策

話はやや横道にそれながら、業務システムのクラウドサービス化に進展していきます。

やっぱりVPNになると、操作レスポンスは落ちますよね。また、自宅のインターネット回線の影響もやや気になります。「家のインターネットが遅い」と愚痴を言う社員もいますし……。

うちのマンションでは、コロナ禍でテレワークしている住人が増えてるせいか、最近ネットワークが非常に遅くなることがあります。インターネットサービスが共有契約なので、個人宅で自由にプロバイダー等を変えることもできず、ちょっと困っています。

僕は実家の一軒家で、速いと有名な回線を引いてます。軽く500Mbpsくらい出ますよ。一応ゲーマーなので、このくらいの速度じゃないと話になりません!

とても速いのはよくわかりましたけど、いったい何の話でしたっけ?

ああ、すみません。会社の勤怠管理システムって、実はパブリッククラウド版もあるんです。それを使えば、テレワークのインターネット回線から直接アクセスできますよね?

おそらく大丈夫だと思います。VPNがボトルネックになるのを防ぐにはいいかもしれません。

テレワークを実施している企業では、VPNがボトルネックになる(図

3.12.1）ことが多いんですか？

大手企業では、コロナ禍で急激にテレワークをする社員が増えた際に、VPN の処理性能が足りずネットワークが渋滞するような会社が少なくありませんでした。そこで、ゼロトラストネットワークという「脱 VPN」の技術が注目され、今までタブー視していた業務システムのパブリッククラウド化への動きが出始めているんです（図 3.12.2）。

会話に出てきたゼロトラストネットワークについては、第 2 部で説明します。

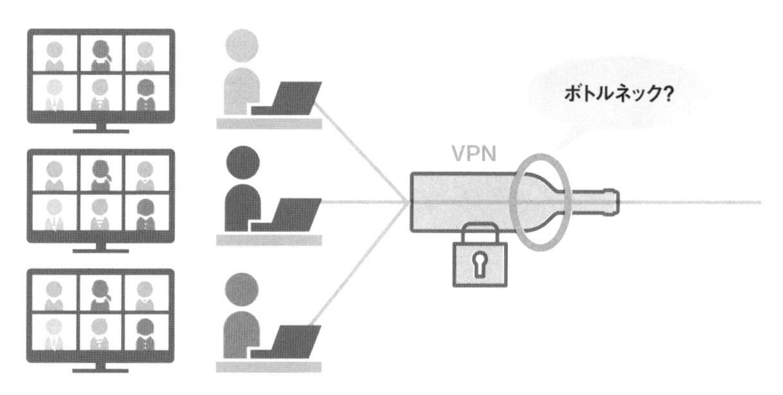

◆ 図 3.12.1　VPN がボトルネック？

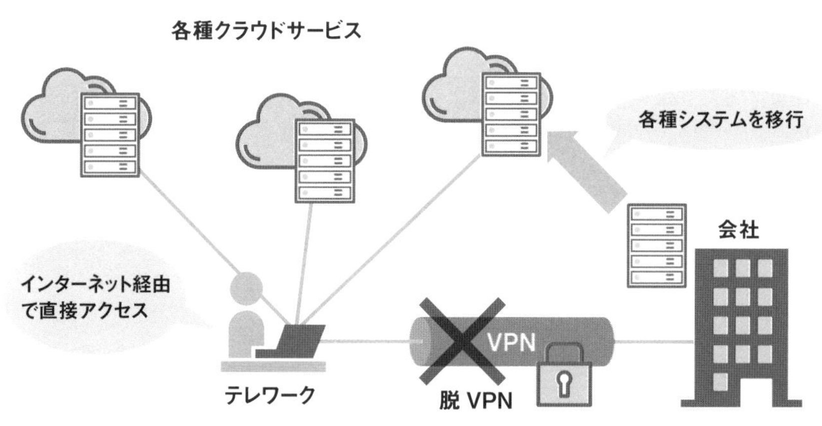

◆ 図 3.12.2　ゼロトラストネットワークのイメージ

日本企業のクラウドサービス利用状況

企業がクラウドサービスを利用する割合は年々増加しています。では実際に、どのくらい利用されているのでしょうか？

総務省が公表している『令和３年 通信利用動向調査報告書（企業編）』によると、「全社的に利用している」が 42.6％であり、「一部の事業所または部門で利用している」の 27.6％を合わせると、70.2％（約７割）になります（図 1）。

かなり普及が進んでいるように感じますが、その内訳（具体的に利用しているクラウドサービス）を見ると、「ファイル保管・データ共有」や「電子メール」の利用が多く、業務に固有なシステムなどでは、まだまだこれからといった状況です。

図表 3-1 クラウドサービスの利用状況の推移

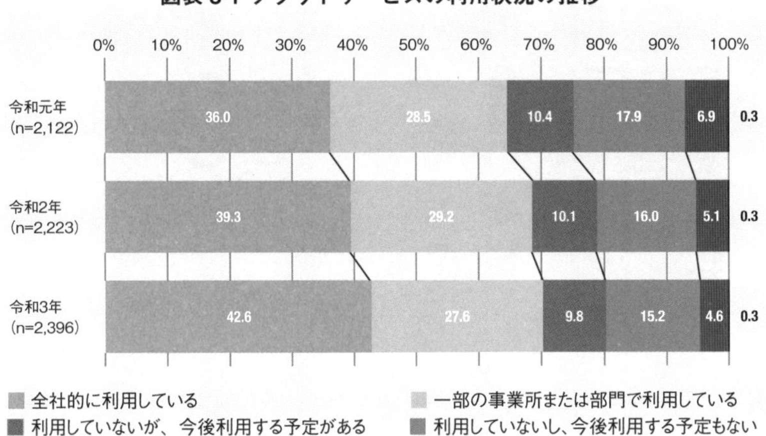

出典）『令和３年 通信利用動向調査報告書（企業編）』総務省
https://www.soumu.go.jp/johotsusintokei/statistics/pdf/HR202100_002.pdf

◆ 図１　クラウドサービスの利用状況

第4章

ワンオペ DevOps で VPN ネットワーク

4.1 ワンオペ情シスで試みるVPN構築・運用

セットアップ、ソフトウェアインストール対象機器の確認

ここからは、具体的にVPNについて深掘りしていきます。まずは、機器をセットアップしたり、ソフトウェアをインストールしたりする対象を確認します。早速、照和さんと理本さんのやりとりを見ていきましょう。

caution　これ以降、ソフトウェアのバージョンや画面のイメージなどは、照和さんがコンサルティングした時期のストーリーとは異なり、本書執筆時点の内容を反映して会話が進みます。何卒ご了承ください。

いよいよ本格的に始動ですね！ よろしくお願いします。

こちらこそよろしくお願いします。では最初に全体構成を確認します。テレワーク先のノートパソコンから、会社のファイルサーバーへアクセスする構成で考えてみましょう（図4.1.1）。

あらためて必要なことを確認すると、まず、ラズパイにSoftEther VPNのサーバーソフトをインストールし、基幹スイッチの空きポートへLANケーブルで接続する。ノートパソコンにはSoftEther VPNのクライアントソフトをインストールする。それだけですよね。

その通りです。それ以外は、特に現状と変わりありません。

ラズパイとノートパソコンとは、インターネット経由でトンネリングして通信を行います（図4.1.2）。仮想の専用線を接続したイメージになると認識しています。

イメージはバッチリです！ ただ、イメージの把握だけだと実際にVPNの

構築と運用を始めてから、「VPN がつながらない！」なんてトラブルに遭遇したときに対処に困ることもあります。

もう少し詳しく、VPN の仕組みを知る必要があるということですね。

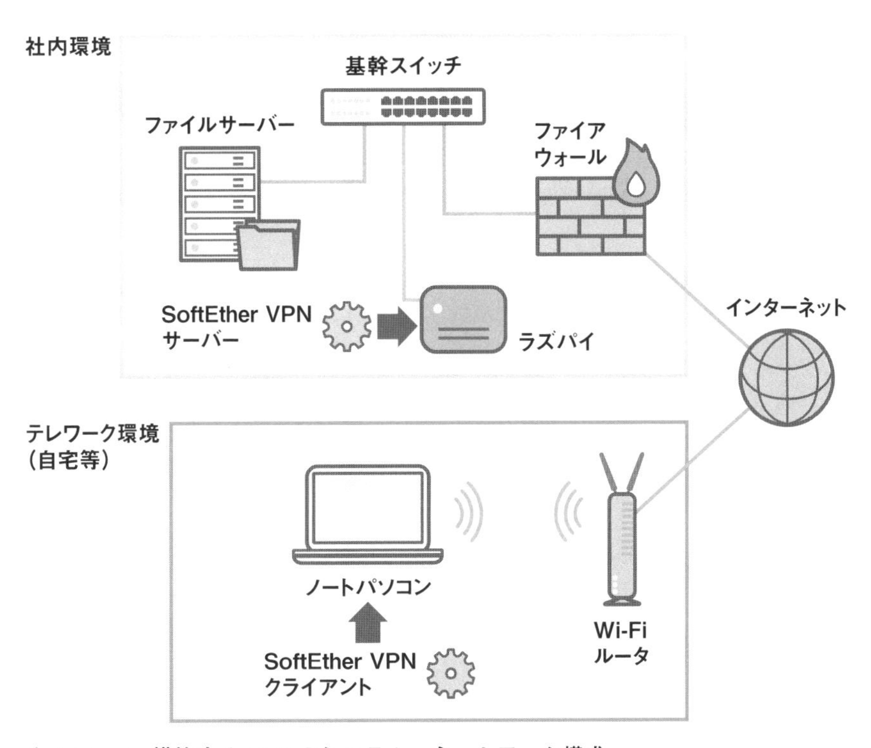

◆ 図 4.1.1　構築する VPN のシステム・ネットワーク構成

◆ 図 4.1.2　VPN の接続イメージ（トンネリング）

4.2 VPNの仕組みを深掘りする①

SSLのプロトコルを使った基本パターン

理本さんの理解を深めるために、照和さんはVPNの仕組みを詳しく説明します。

それでは、SoftEther VPNで実際に行われる通信の仕組みについて、説明を進めましょう。SSL（Secure Sockets Layer）のプロトコルを使った基本パターンから説明します。

よろしくお願いします。

サーバー側のポートは443番です。①最初にVPNクライアントは、クライアント側で利用しているインターネットプロバイダーのDNSサーバーに問い合わせを行い、②softether.netのドメインで公開されている情報から、VPNサーバーのグローバルIPアドレスを取得します。ここまでは大丈夫ですか？

理解してます。VPNサーバーのグローバルIPアドレスが動的に変わった場合は、ダイナミックDNSサーバーにその設定が反映されるということですよね？

その通りです。そして、③VPNクライアントはVPNサーバーに対してTCP/IPのプロトコルでコネクションを確立します。④コネクションが確立できたらSSLのプロトコルを開始します。VPNサーバーのIPアドレスは実際には社内LANのプライベートIPアドレスなので、ファイアウォールでグローバルIPアドレスへのアドレス変換が行われているはずです。

ちょっと待ってください。それだと、外部起点の通信パケットを通過させるために、ファイアウォールの設定変更が必要なのではないでしょうか？

よく気づきましたね、大正解です！ そう、これだと443番のポートに対する外部起点の通信パケットを、ファイアウォールで内部へポートフォワードする設定が必要になります。（図4.2.1）

えーっ。それじゃ、話が違うじゃないですか！

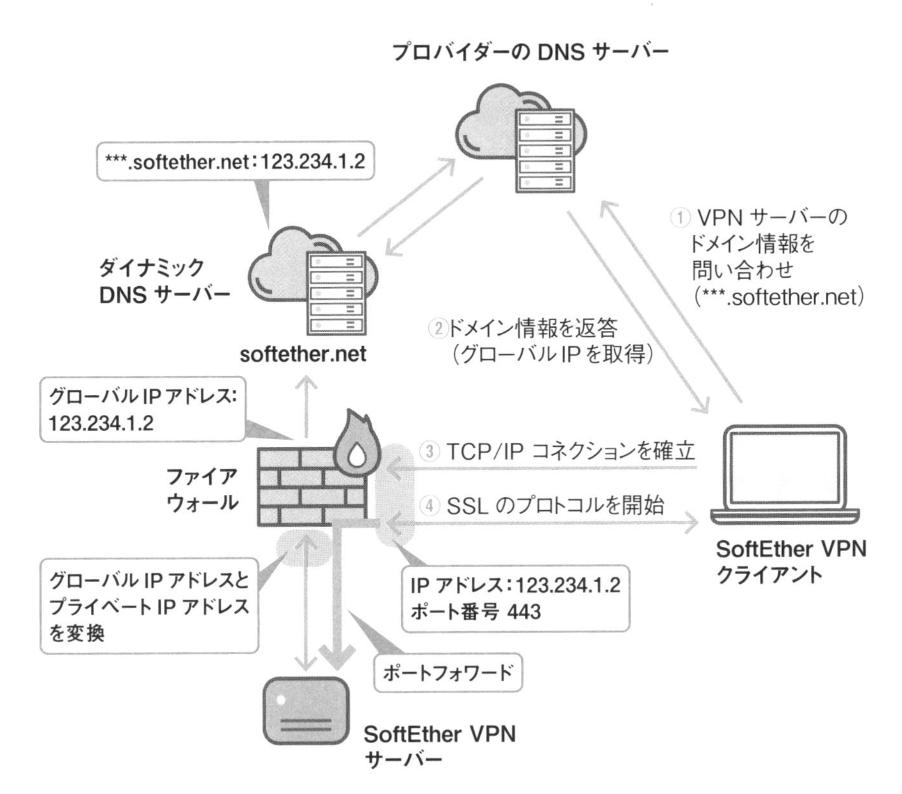

◆ 図4.2.1　SSLによるVPN通信の流れ

4.3 VPNの仕組みを深掘りする②

UDPホールパンチングによるVPN通信

理本さんの不安を解消するために、照和さんは説明を続けます。

大丈夫だから安心してください。ここで、以前、NATトラバーサル機能の方式として紹介した「UDPホールパンチング」の登場です！

もう不安にさせないでくださいよ～。納得できるよう説明をお願いします。

SoftEther VPNでは、①先ほどの443番のポートに対するTCPコネクションが確立できない場合、UDPホールパンチングの機能を使います。②NATトラバーサルの中継サーバーが、サーバーとクライアントそれぞれのグローバルIPアドレスと利用するポート番号の情報を連携します。そして、ダミーでUDP/IPの通信パケットを送出することで、ファイアウォールを通過できるようにするんです（図4.3.1）。

あの、ちょっと理解できません。どうしてUDP/IPのダミー通信パケットで、ファイアウォールが通過できるようになるんですか？

VPNサーバー側にあるファイアウォールの動作を考えてみてください。③最初にクライアントから送られてくるダミー通信パケットは、外部起点なので拒否されます。④次にサーバーからダミー通信パケットを送ると、ファイアウォールではサーバーからクライアントに対する内部起点の通信なので通過し、それに対する外部からの応答を一定時間待つんです。

よって、⑤続くクライアントからのダミー通信パケットは通過できます。この送受信パケットに対するファイアウォールの通過ポリシー（ルール）が動的に生成されるイメージです（図4.3.2）。

なるほど。UDP/IP では、TCP/IP のようなフロー制御等がないため、単純にそうなるのか……。ということは、クライアント側の Wi-Fi ルータにファイアウォール機能があれば、これも同じような動作（通過ポリシーを動的に生成）になるんですね。

IP アドレス：123.234.1.2
ポート番号：443
ファイアウォール
NG
① TCP/IP コネクションの確立を失敗
NAT トラバーサル中継サーバー
SoftEther VPN サーバー
SoftEther VPN クライアント
softether.net
② UDP ホールパンチングの情報
IP アドレス：123.234.1.2
ポート番号：10012
② UDP ホールパンチングの情報
IP アドレス：111.222.99.1
ポート番号：10991
③ UDP/IP のダミー通信パケット
NG
IP アドレス：
123.234.1.2
ポート番号：10012
IP アドレス：
111.222.99.1
ポート番号：10991
OK
③の応答待ち
④ UDP/IP のダミー通信パケット
④の応答待ち
⑤ UDP/IP のダミー通信パケット
OK
この後、UDP/IP による VPN 通信へ移行

◆ 図 4.3.1　UDP ホールパンチングによる VPN 通信の流れ

◆ 図 4.3.2　ファイアウォールの通過ポリシー（イメージ）

4.4 VPNの仕組みを深掘りする③

UDP/IPによるVPN通信のパケットのイメージ

理本さんが納得したところで、照和さんはさらに説明を続けます。

ファイアウォールのパケットフィルタリング機能が、ダイナミックパケットフィルタリングやステートフルインスペクションと呼ばれる方式だと、ほぼUDPホールパンチングが使えます。

ほぼ？ というと、そうじゃない場合があるんですか？

高度な機能を持つファイアウォール等では、UDPホールパンチングが使えないこともあるんです。その場合は「VPN Azure」というサービスを使うようにすれば、（ほぼ）通信が可能です。NATトラバーサルの中継サーバーと同様に、VPN Azureのクラウド中継サーバーが提供されているため、ちょっとした設定を加えるだけで利用できます。詳しくは、VPNサーバーをセットアップする際に補足します。

わかりました。話をUDPホールパンチングに戻しますが、その場合はSSLのプロトコルに戻ることなく、そのままVPN通信でUDP/IPを使うということですよね？

その通りです。ファイルサーバーへアクセスするSMBのプロトコルを、Ethernetフレームごと UDP/IPのデータ部へカプセル化します。もちろん中身が暗号化されるのは言うまでもありません（図4.4.1）。

UDPホールパンチングでは、最初にNATトラバーサルの中継サーバーが仲介役となり、その後はVPNサーバーとVPNクライアントが直接UDP/IPで通信すると理解しました。では、VPN Azureのクラウド中継サーバーを利用する場合は、どうなるんですか？

VPN Azureのクラウド中継サーバーがSSLのプロトコルで仲介後、UDPで通信できない場合は、そのままクラウド中継サーバーがSSLで通信を介在し続けることになります（図4.4.2）。

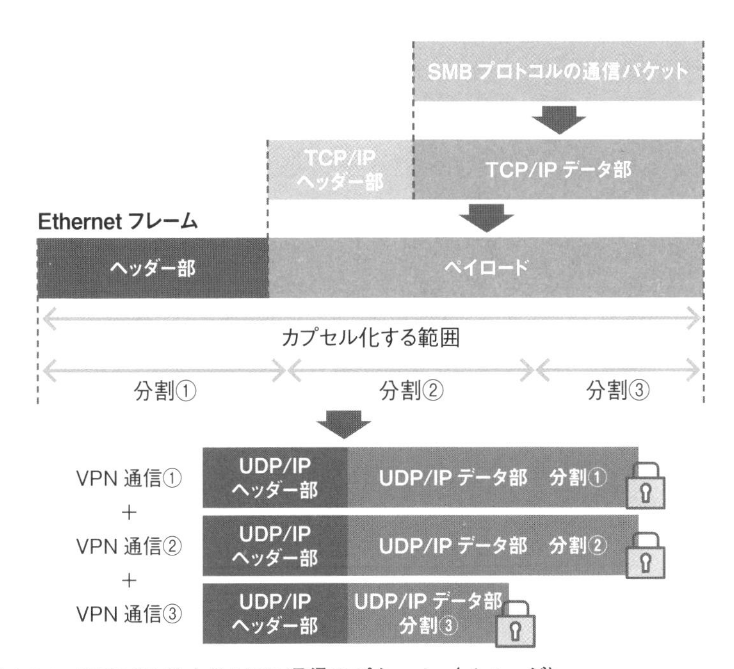

◆ 図4.4.1 UDP/IPによるVPN通信のパケット（イメージ）

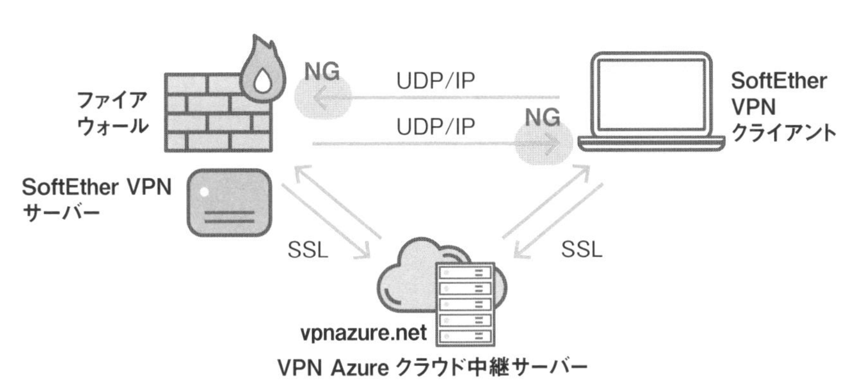

◆ 図4.4.2 VPN AzureによるVPN通信（イメージ）

4.5 コストパフォーマンスのよい、安全なVPNの切り札

ラズパイ＋ SoftEther VPNを推奨する背景

VPNの仕組みに踏み込んだところで、なぜ照和さんはラズパイとSoftEther VPNに注目したのでしょうか？ 説明が続きます。

そもそも、どうして「ラズパイ＋ SoftEther VPN」なんですか？

もともと私が担当したシステム開発のプロジェクトでは、インターネット経由で安全にリモート接続する手段として、長年SoftEther VPNを使っていました。そこではVPNサーバーとしてプロジェクト専用のPCサーバー等を用意することが多く、プロジェクトの数が増えるとそれなりにコスト負担や設置場所の確保が悩みの種になっていたんです。

ある意味、一つひとつの独立したプロジェクトが、中小企業と同じような状況だったと……。

その通りです。そこで数年前、試しにVPNサーバーにラズパイを使ってみたら、コスパ最強になったというわけです。

なるほど。そうした運用の中で、安全で安定して動作することが検証でき、中小企業向けのVPNとして推奨しているんですね？

その通りです！ ただ、実はもう一つ理由があって、2020年4月21日（火）にNTT東日本とIPAが「シン・テレワークシステム」を公開したことも関係します（図4.5.1）。

そのシステムでは、SoftEther VPNの各種技術が使われており、ハードウェアとして大量のラズパイが用いられているようなんです（図4.5.2）。

それで、自身の目の付け所は間違っていなかったと確信したんですね。でも今回、そのテレワークシステムを利用してもよかったのでは？

シン・テレワークシステムは期間限定の実証実験であり、今後、サービスの提供を終了する可能性があります。また、自宅等から会社のパソコンへリモートデスクトップ接続する方式に限定されます。よって、このサービスの利用ではなく、自前でVPN環境の構築を提案したんです。

出典）独立行政法人情報処理推進機構（IPA）／
東日本電信電話株式会社（NTT東日本）
https://telework.cyber.ipa.go.jp/news/

◆ 図4.5.1　NTT東日本 - IPA「シン・テレワークシステム」

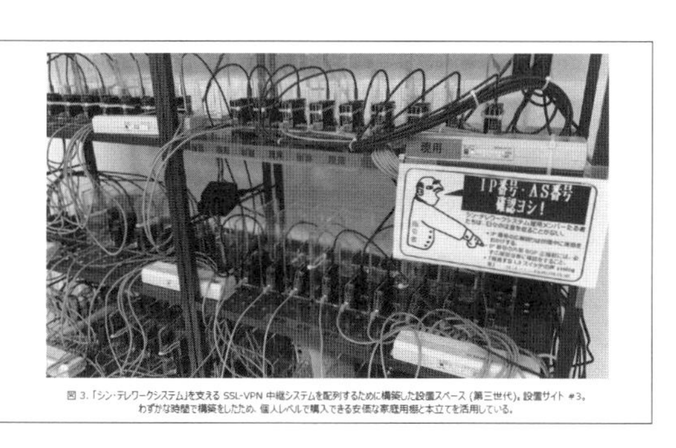

出典）独立行政法人情報処理推進機構（IPA）／
東日本電信電話株式会社（NTT東日本）
https://telework.cyber.ipa.go.jp/news/20200514/

◆ 図4.5.2　「シン・テレワークシステム」を支えるラズパイ

4.6 SoftEther VPN とは①

無償で利用できて高機能

それでは、安価で安全なVPNの切り札となる、SoftEther VPNについて深掘りしていきます。

SoftEther VPNの詳細についても知りたいです。

SoftEther VPNとは、ソフトイーサー株式会社が提供している「PacketiX VPN 4.0」という製品のフリーバージョンに相当するものです。Apache License 2.0によるオープンソースのVPNソフトウェアであり、無償で提供されてます（図4.6.1）。

名前の由来は、そのまま「ソフトウェアによるイーサネット」のようで、2003年にIPA未踏ソフトウェア創造事業「未踏ユース部門」の支援を受けて開発されたようです。(本稿執筆時点で)最新バージョンは4.39。随時、脆弱性への修正対応等によるアップデートが行われてます。

動作可能なOSは、Windows、Linux、Mac、FreeBSDおよびSolarisなど、多岐にわたります。

個人の私的利用だけでなく、法人の業務用途にも無償で使えるんですよね？

もちろんです。他の標準的なVPNプロトコル（OpenVPN等）にも対応しています（図4.6.2)。この互換性により、iPadやAndroidタブレットなどにもVPN接続できるところがすごい。

とても高機能なのはわかりましたが、僕のようなスキルレベルで本当に取り扱うことができるんですか？

大丈夫です。多くの設定・管理は、GUI による画面で簡単に操作できます。

出典）SoftEther VPN プロジェクト

https://ja.softether.org/

◆ 図 4.6.1　SoftEther VPN プロジェクトのトップページ

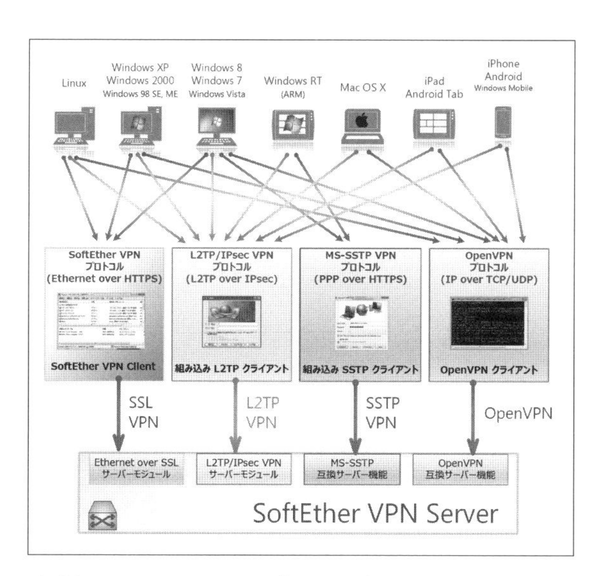

出典）SoftEther VPN プロジェクト

https://ja.softether.org/

◆ 図 4.6.2　VPN プロトコルの互換性

4.7 SoftEther VPN とは②

SoftEther VPN のアーキテクチャ

SoftEther VPN のアーキテクチャについての説明が続きます。

先ほど、SoftEther VPN は Ethernet フレームごとカプセル化するような話がありましたけど、その辺の情報をもっと知りたいです。

わかりました。SoftEther VPN の動作原理は、Ethernet デバイスの仮想化です。通常の LAN カードとスイッチング HUB をソフトウェアでエミュレートした「仮想 LAN カード」と「仮想 HUB」に特徴があるんです。それらを接続する LAN ケーブルのイメージが VPN のトンネルだと思ってください（図 4.7.1）

なんかイメージが湧きました！

まず、仮想 HUB を VPN サーバーに作成します。この仮想 HUB に VPN クライアントが接続します。VPN サーバーには、複数個の仮想 HUB を作成することもできるんです。

仮想 HUB には、ローカル LAN へ橋渡しする「ローカルブリッジ」や、ローカル LAN へのゲートウェイとなる「SecureNAT」、IP アドレスを自動割当する「仮想 DHCP サーバー」といった機能もあります。

ということは、今回は社内 LAN との接続が必要なため、これらの機能を使うわけですね。

その通りです。また、仮想 HUB をカスケードすることができるので、本社ー支店間を VPN 接続するようなことも可能なんです（図 4.7.2）

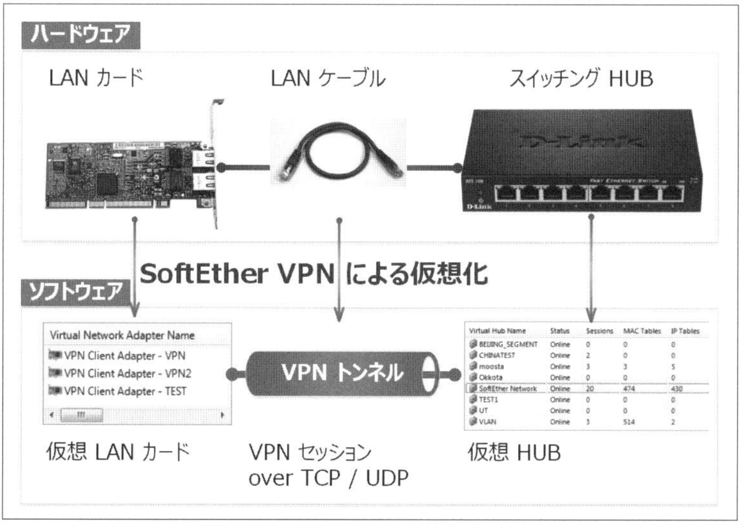

ハードウェア
LAN カード
LAN ケーブル
スイッチング HUB
SoftEther VPN による仮想化
ソフトウェア
VPN トンネル
仮想 LAN カード
VPN セッション
over TCP / UDP
仮想 HUB

出典） SoftEther VPN プロジェクト
https://ja.softether.org/

◆ 図 4.7.1　Ethernet デバイスの仮想化

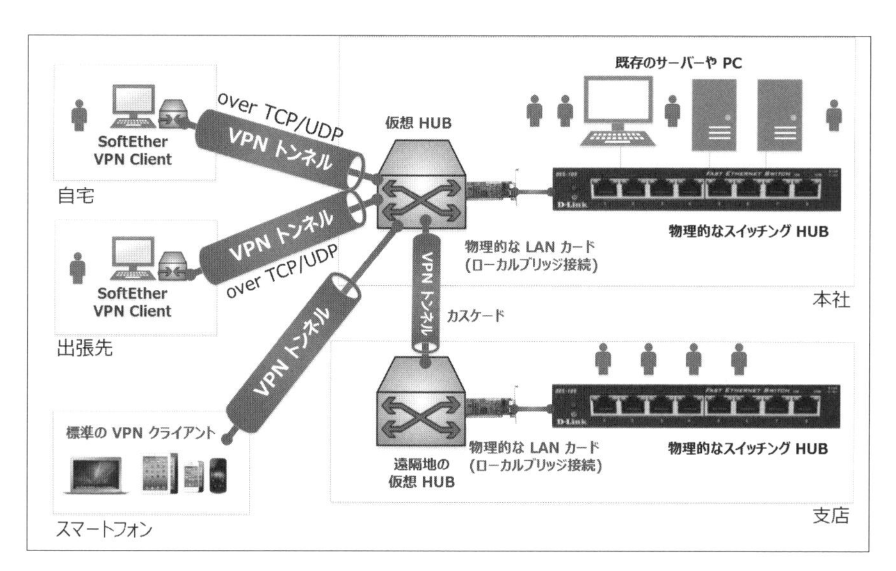

出典） SoftEther VPN プロジェクト
https://ja.softether.org/

◆ 図 4.7.2　仮想 HUB による VPN 接続のイメージ

4.8 VPN での ネットワーク構成イメージ

本書で設定する VPN のネットワーク構成

ここで、これからセットアップするネットワーク構成の説明に入ります。

今回のテレワーク用に構築する VPN ネットワークだと、仮想 HUB は一つということで大丈夫ですか？

問題ないです。セットアップに関する説明は追ってするとして、まずは簡単に設定するネットワークの構成をイメージしておきましょうか？

お願いします。

ここでは、自宅のテレワーク環境から SoftEther VPN を使って、ファイルサーバーへのアクセスまでをゴールとして説明します。ちなみに、ファイルサーバーは固定でプライベート IP アドレスを設定していると思いますけど、各種 IP アドレスの情報を教えてもらえますか？

ファイルサーバーの IP アドレスは、192.168.11.100 を固定で割当てています。ファイアウォールはデフォルトゲートウェイと DHCP サーバーを兼ねていて、プライベート IP アドレスは 192.168.11.1 です。パソコンの IP アドレスは、DHCP サーバーから 192.168.11.2 ～ 192.168.11.99 の範囲で自動割当されます。

VPN サーバーのプライベート IP アドレスは、できれば固定にしたいので、空きアドレスの割当を 1 つお願いします。

それでは、192.168.11.110 にします。

それらを考慮して「VHUB」という名前の仮想 HUB を作成します。接続するネットワーク構成はこんな感じになります（図 4.8.1）。

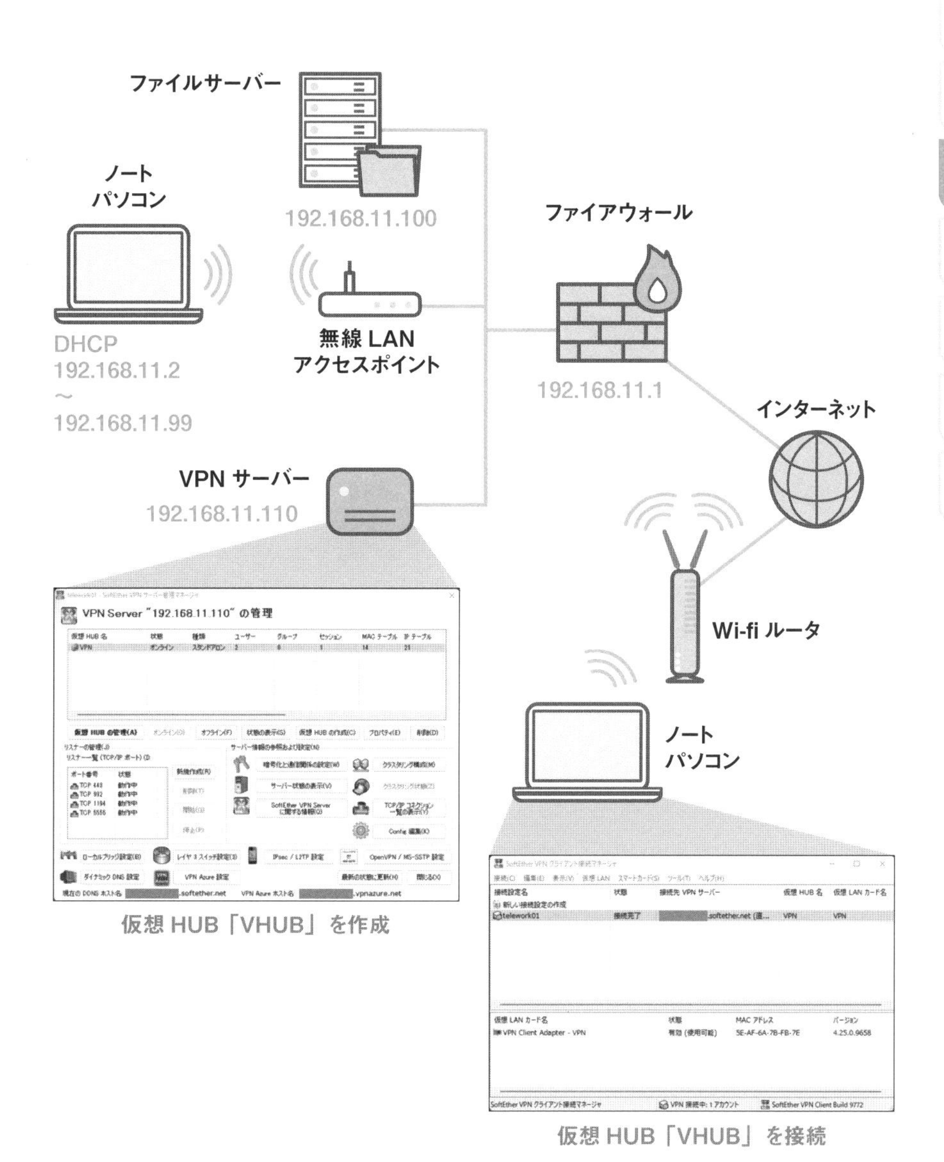

◆ 図 4.8.1　設定する VPN のネットワーク構成イメージ

4.9 ラズパイとは①

ARM プロセッサを搭載、安価なシングルボードコンピュータ

次に、VPN サーバーとなるラズパイの説明が始まります。

ここまで何度かラズパイが登場しています。パソコンとは外見も大きく異なるので、とても同じコンピュータとは思えません。

それでは、ラズパイの説明をしておいたほうがよさそうですね。ラズパイと省略して呼んでますけど、元はラズベリーパイ（Raspberry Pi）のことです。イギリスのラズベリーパイ財団により、教育等での利用を想定して開発されたものです。ARM プロセッサを搭載した安価で入手可能なシングルボードコンピュータになります（図 4.9.1）。

それが、2010 年くらいからの IoT ブームで、趣味や業務（試作品の開発）等での利用が大幅に増えたんです。

パソコンの CPU だと Intel とか AMD が有名ですが、ARM は組み込み機器とかでよく使われているイメージがあります。

ARM は、低消費電力が求められるモバイル機器で非常にシェアが高いです。身近なところだと、携帯ゲーム機などにも使われてますからね。

実は僕が ARM を知ったきっかけは、日本の大手通信キャリアがすごい金額で企業買収したニュースです。

ただ、ARM は自社で CPU を生産しておらず、ARM アーキテクチャに基づき設計されたプロセッサの技術をライセンス提供しているとか。実際に CPU を製造しているのは、ARM 社からライセンスを受けた大手の半導体製造メーカだと聞きました。

ずいぶん詳しいですね。それで話をラズパイに戻すと、今回使う「Raspberry Pi 4 Model B」のハードウェアスペックは、次のようになります（図 4.9.2）

出典）Raspberry Pi 財団

◆ 図 4.9.1　ラズパイの外観

チップ	ブロードコム BCM2711, Quad-core Cortex-A72（ARM v8）64- ビット SoC @1.5GHz
マルチメディア	H.265（HEVC）4Kp60 デコード H.264 1080p60 デコード / 1080p30 エンコード OpenGL ES 3.0 グラフィックス
メモリ	4GB ／ 8GB
コネクタ	2.4 GHz and 5.0 GHz IEEE 802.11b/g/n/ac ワイヤレス LAN Bluetooth 5.0, BLE. ギガビットイーサーネット 2 × USB3.0 ポート 及び 2 × USB2.0 ポート
GPI コネクタ	40- ピン GPIO
ビデオ / オーディオ出力	2 x マイクロ HDMI ポート（4Kp60 まで対応） 2 レーン MIPI DSI ディスプレイ用ポート 2 レーン MIPI CSI カメラ出力用ポート ステレオ音声出力 及び コンポジットビデオ出力ポート

◆ 図 4.9.2　Raspberry Pi 4 Model B のハードウェアスペック

4.10 ラズパイとは②

設定に必要な周辺機器

さらに、ラズパイの説明が続きます。

ラズパイですけど、先ほど見た電子基板のままでは設置ができません。専用のケース等は付属してないんですか？

スマートフォンの保護ケースのように、好みのものを選んで買うことができます。ネットの通販サイトで検索すると、ベーシックな形状のものからカラフルでポップなものまで、いろいろと見つかりますよ。

そうなんですね。ラズパイ本体もネットの通販サイトで買えるんですよね？

もちろん。

最初にラズパイをセットアップするとき、ディスプレイはマイクロ HDMI と通常の HDMI コネクタを変換してケーブル接続が可能だと思います。でも、キーボードとマウスはどう接続するのでしょうか？

USB 接続タイプのものがそのまま使えますよ（図 4.10.1）。

なるほど。そういえば、先ほどのハードウェアスペックの説明では、ディスクドライブの記載がありませんでしたが……。

それは、microSD カードを差して使うことになります。ラズパイでのファイルシステム形式（FAT32）の関係から、今回は 32GB を使うことにします。容量もそれで十分ですから。

わかりました。

今回はディスプレイとキーボード、マウスを除いて、私のほうで必要な機器を一式準備したので、これを使って構築しましょう（図 4.10.2）。

ありがとうございます。セットアップが終われば、ディスプレイとキーボード、マウスは、取り外しておいても問題ないですよね？

それで問題ありません。

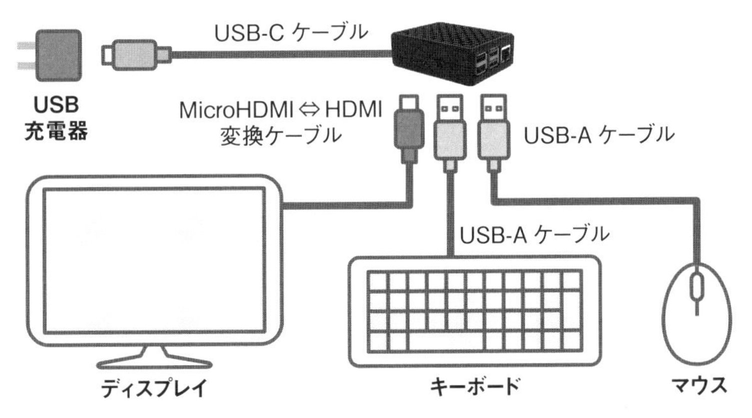

◆ 図 4.10.1　セットアップする際の機器構成

本体	Raspberry Pi 4 Model B 4GB
USB ケーブル	1 本　電源用 USB タイプ C
USB 充電器	1 個　20W
MicroSD カード	1 個　32GB
SD カードリーダー	1 個　USB 接続
アルミケース	1 個　固定ネジ、ヒートシンク付
HDMI ケーブル	1 本　MicroHDMI to HDMI 1.8m

◆ 図 4.10.2　今回準備した機器の一覧

4.11 ラズパイとは③

Raspberry Pi OS の基本情報

続いて、ラズパイの OS に関する話題に進みます。

ラズパイ上で動作する OS って、何になるんですか？

名前そのままの「Raspberry Pi OS」です。ラズベリーパイ財団が公式にサポートしている標準 OS で、ベースは Linux ディストリビューションの Debian。かつては Raspbian と呼ばれていました。

なるほど。標準 OS ということは、もしかして標準以外もあるとか？

鋭いところを突きますね～。同じ Debian 系の Ubuntu など、いくつかラズパイ用の OS は存在します。Windows 系では、Windows 10 IoT Core にも対応していますよ。

先ほど、ラズパイの CPU スペックが 64bit となっていたので、OS も 64bit 版ですか？

ラズパイは 2012 年に発売されてから、いろいろなバージョンや種類が存在しています。近年では「Raspberry Pi Zero」や「Raspberry Pi Pico」といった小型のものも出ていますけど、今回使う主要なモデルの変遷はこんな感じになります（図 4.11.1）。

「3 Model B+」から CPU は 64bit に対応しています。しかし、アプリケーション等の互換性を考慮してか、実際に 64bit 版の Raspberry Pi OS が正式にリリースされたのは、2022 年 2 月からなんです。それまで CPU は 64bit でも OS は 32bit 版でした。

そうなんですね。じゃあ、今回は最新の「Raspberry Pi 4 Model B」を使って、OS も最新の 64bit 版をインストールするわけですね。

その通りです。なお、Raspberry Pi OS には、三つのバージョンが存在します（図 4.11.2）。今回は必要最小限のソフトウェアを入れて、GUI のデスクトップ環境が使える「Raspberry Pi OS with desktop」を使うことにしましょう。

Raspberry Pi	1 Model A	1 Model B	2 Model B	3 Model B	3 Model B+	4 Model B
CPU	シングルコア 700 MHz 32bit	クアッドコア 900 MHz 32bit	クアッドコア 1.2 GHz 32bit	クアッドコア 1.4 GHz 32bit	クアッドコア 1.4 GHz 64bit	クアッドコア 1.5 GHz 64bit
メモリ	256MB	512MB	1GB	1GB	1GB	2/4/8GB
有線 LAN	―	10Base/ 100Base-TX	10Base/ 100Base-TX	10Base/ 100Base-TX	Gigabit Ethernet	Gigabit Ethernet
Wi-Fi	―	―	―	2.4 GHz (b/g/n)	2.4GHz・ 5GHz (b/g/n/ac)	2.4GHz・ 5GHz (b/g/n/ac)
Bluetooth	―	―	―	4.1	4.2	5
USB	2.0 × 1	2.0 × 4	2.0 × 4	2.0 × 4	2.0 × 4	2.0 × 2 3.0 × 2
5V 電源	0.7A 3.5W	1.8A 9.0W	1.8A 9.0W	2.5A 12.5W	2.5A 12.5W	3A 15W
目標価格	$25	$35	$35	$35	$35	2GB-$35 4GB-$55 8GB-$75
発売日	2013 年 2 月	2012 年 2 月	2015 年 2 月	2016 年 2 月	2018 年 3 月	2019 年 6 月

◆ 図 4.11.1　ラズパイの主要タイプ別のスペック一覧

Raspberry Pi OS with desktop and recommended software	ラズベリーパイ財団が推奨するソフトウェア一式が入ったフルバージョン
Raspberry Pi OS with desktop	GUI のデスクトップ環境をはじめ、ブラウザやワープロ、表計算、プレゼンテーションなど事務用の必要最小限のソフトウェア（オフィススイート）も同梱したもの
Raspberry Pi OS Lite	少ないメモリで動作する軽量バージョン。デスクトップ環境がなく、コマンドラインで利用する

◆ 図 4.11.2　三つの Raspberry Pi OS バージョン

4.12 ラズパイをセットアップする①

Raspberry Pi Imager をダウンロード、インストール

いよいよラズパイをセットアップしていきます。

早速、ラズパイをセットアップしていきましょう。

お願いします！

まずは、OS をインストールします。手持ちの Windows パソコンとツールを使って、Raspberry Pi OS を microSD カードへ書き込みます。そのためには Raspberry Pi OS の Web サイト（https://www.raspberrypi.com/software/）にアクセスし、「Raspberry Pi Imager」というツールをパソコンにダウンロードする必要があります（図 4.12.1）。

では、僕が会社で使っているノートパソコンを使います。パソコンに microSD カードを差しておき、Raspberry Pi Imager を使って Raspberry Pi OS をインストール（microSD カードへ書き込み）する、ということですね（図 4.12.2）。

その通りです。パソコンに SD カードスロットがなければ、USB 接続の SD カードリーダーを使うといいでしょう。

とても簡単な操作でダウンロードとインストールが終わりました。スタートメニューから Raspberry Pi Imager を起動すると、次のような初期画面が立ち上がりました（図 4.12.3）。

caution　Raspberry Pi Imager の起動にはパソコンの管理者権限が必要です。

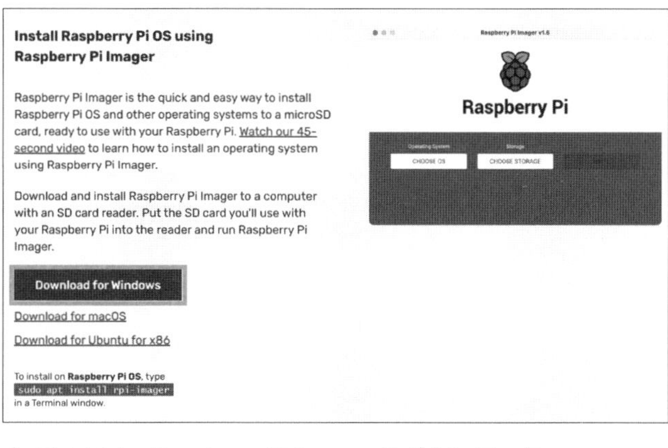

◆ 図 4.12.1　Raspberry Pi Imager のダウンロード

◆ 図 4.12.2　パソコンを経由して Raspberry Pi OS を書き込む

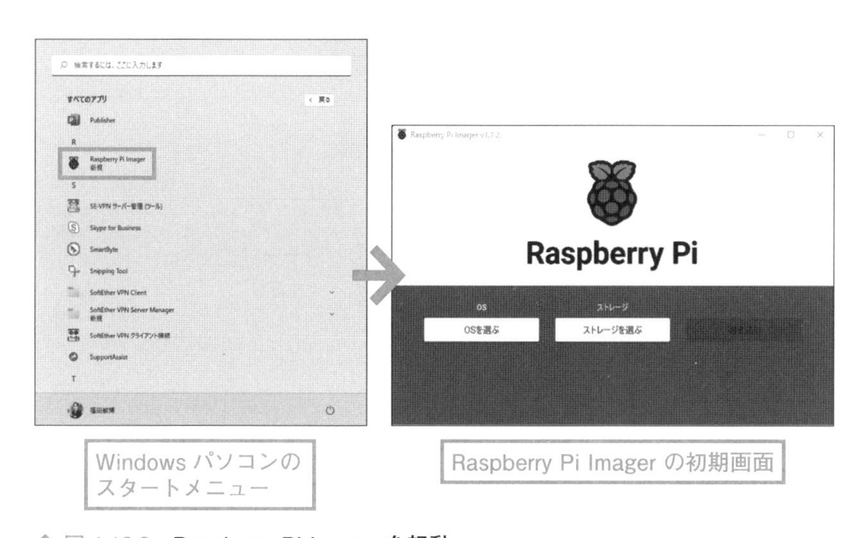

◆ 図 4.12.3　Raspberry Pi Imager を起動

4.13 ラズパイをセットアップする②

64bit 版の Raspberry Pi OS をインストール

Raspberry Pi Imager の操作説明が続きます。

まず、画面の①「OS を選ぶ」ボタンをクリックすると、OS を選択するダイアログが開くはずです。先頭に「Raspberry Pi OS（32-bit)」が表示されていますが今回は 64bit 版をインストールするので、その下の②「Raspberry Pi OS（other)」を選んでください（図 4.13.1）。

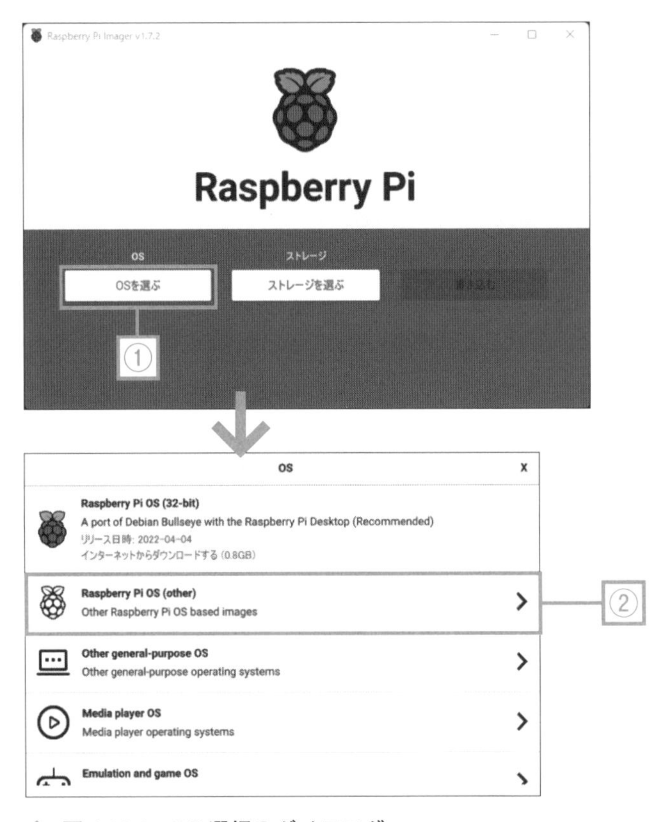

◆ 図 4.13.1　OS 選択のダイアログ

わかりました。

ダイアログの内容が変わりました。下にスクロールすると、③「Raspberry Pi OS（64-bit）」の該当バージョン（Desktop）が見つかりました（図4.13.2）。これを選択すればいいんですね？

お願いします。そうすると先ほどの初期画面（図4.13.1の上図）に戻り、「OSを選ぶ」ボタンの表示が④「RASPBERRY PI OS（64-BIT）」に変わると思います。

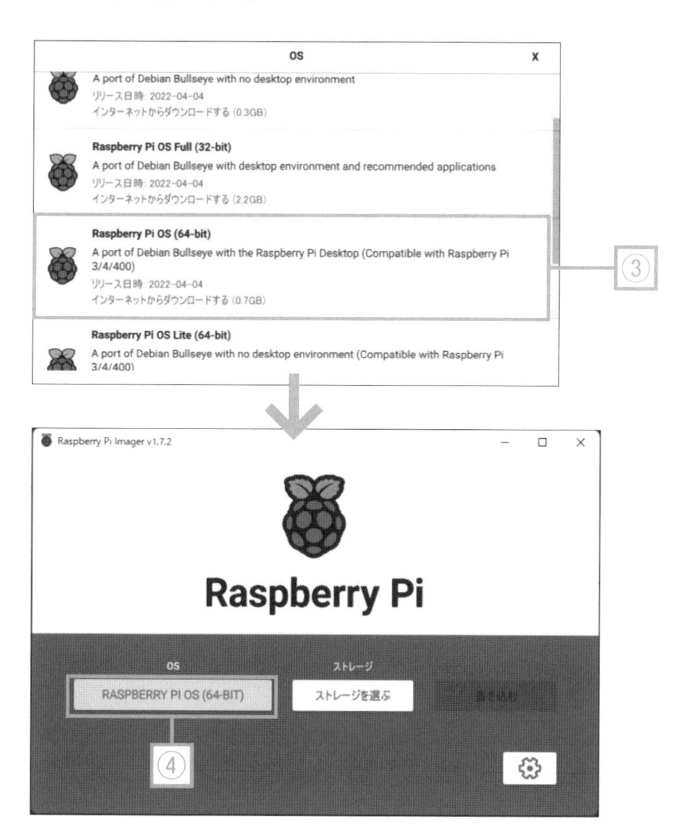

◆ 図4.13.2　Raspberry Pi OS 64bit版を選択

4.14 ラズパイをセットアップする③

ラズパイをインストールするストレージを選択

続いて microSD カードへの書き込み設定を行います。

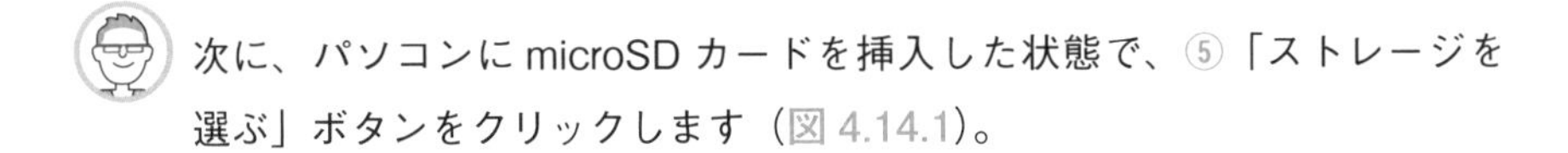

次に、パソコンに microSD カードを挿入した状態で、⑤「ストレージを選ぶ」ボタンをクリックします（図 4.14.1）。

わかりました。ストレージ選択のダイアログが開き、⑥ microSD カードを認識したデバイスが表示されたので、これを選べばいいんですね。

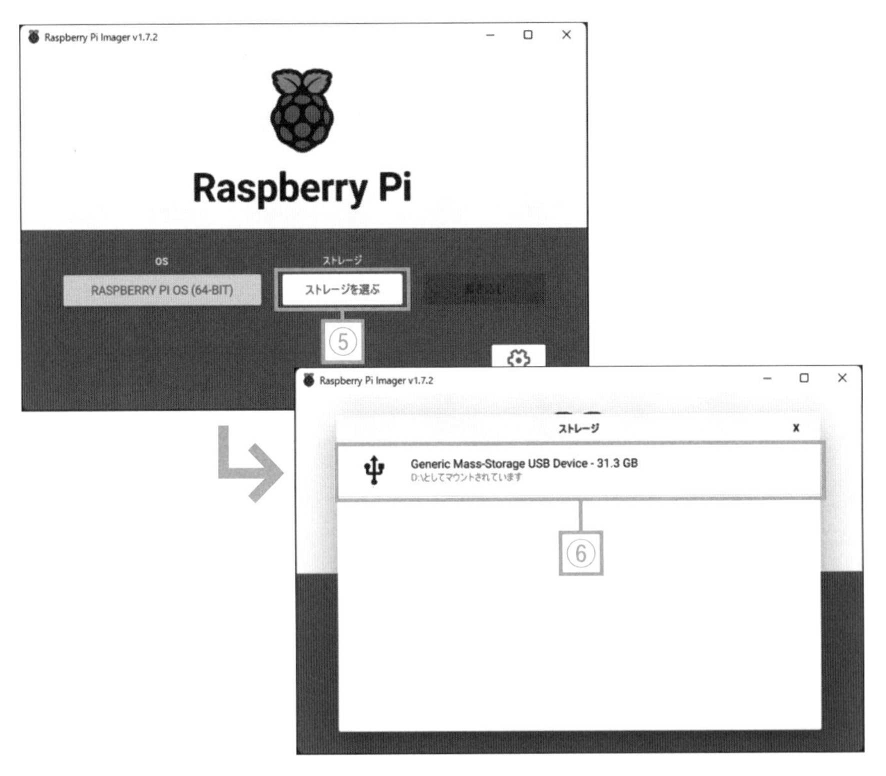

◆ 図 4.14.1　ストレージ選択のダイアログ

その通りです。初期画面に戻ると、「ストレージを選ぶ」ボタンの表示が⑦選択したデバイス名に変わると思います（図 4.14.2）。次に、右下の⑧歯車ボタン をクリックしましょう。

⑨「詳細な設定」を行うダイアログが開きました。

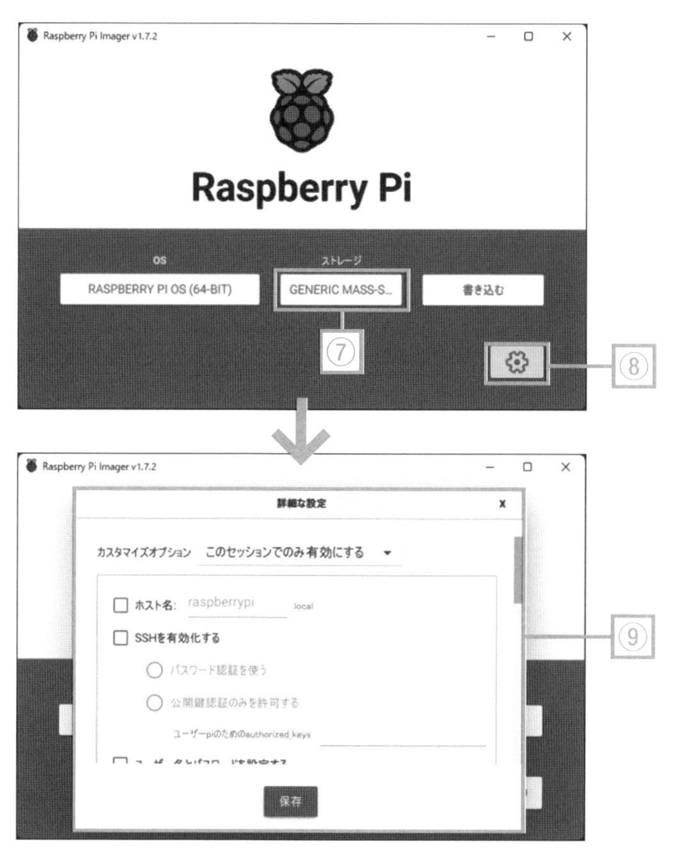

◆ 図 4.14.2　詳細な設定のダイアログ

4.15 ラズパイをセットアップする④

保守作業用のカスタマイズ設定

便利なカスタマイズオプションの設定に移ります。

ここで、あらかじめインストールするOSの初期設定ができるんですね？

そうなんです。まずは、保守作業等で社内LANに接続したパソコンからターミナルを使ってログインできるよう、⑩「SSHを有効化する」と「パスワード認証を使う」を選択してください（図4.15.1）。

選択してチェックを入れました。下にスクロールしますね。

初期ユーザーのパスワードを変更しておきたいので、⑪「ユーザー名とパスワードを設定する」を選択し、（ユーザー名はそのまま「pi」で）パスワードを設定してください（図4.15.2）。

了解しました。さらに下にスクロールすると、⑫Wi-Fiの設定もできるようです。デフォルトで、このパソコンのSSIDとパスワードが表示されています（図4.15.3）。

とりあえず、その他の項目はRaspberry Pi OSにログインした後に設定するとしましょう。

microSDカードへの書き込み設定が想定していたよりも簡単なので、とてもビックリしました。

昔はこのようなツールがなかったので、別のコピーツールを使って実施していたんです。今はこれを使えば簡単に設定できます。

そうなんですね。あっ、最後に⑬「保存」ボタンを忘れずにクリックしないと……。

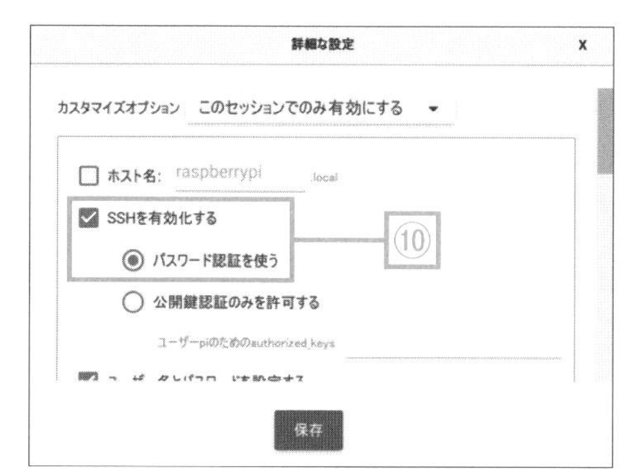

◆ 図 4.15.1　SSH を有効化する設定

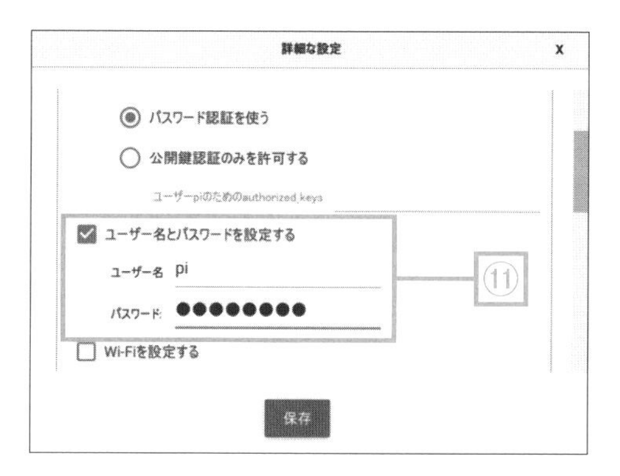

◆ 図 4.15.2　ユーザー名とパスワードの設定

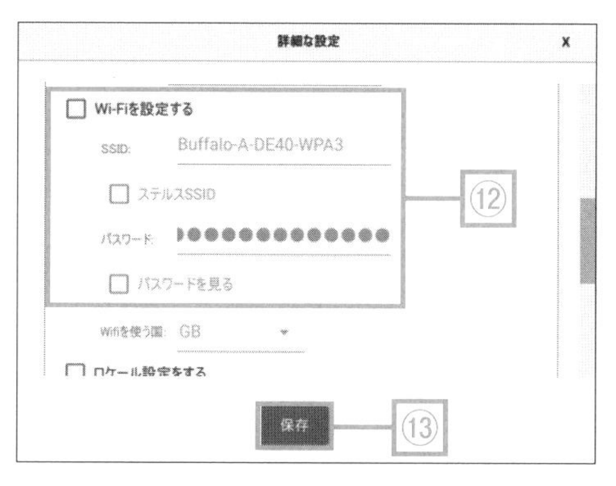

◆ 図 4.15.3　Wi-Fi の設定

4.16 ラズパイをセットアップする⑤

microSD カードへの書き込み

いよいよ microSD カードに書き込みます。

これで⑭「書き込む」ボタン（図 4.16.1）をクリックして大丈夫ですね？

オッケーです！

書き込みの実行を警告するメッセージボックスが出ました（図 4.16.2)。この内容から判断すると、microSD カードのフォーマットも実施されるということでしょうか？

その通りです。別途、フォーマットツールを使う必要がないので、便利です！

⑮「はい」ボタンをクリックして実行しますね。

書き込みが始まり、⑯進捗についての表示が進んでいます（図 4.16.3)。これって OS のファイルをダウンロードしながら、microSD カードへ書き込みしているのですか？

そのようです。一度、最新のバージョンを書き込むと、ダウンロードファイルをパソコン内部にキャッシュするみたいです。続けて別の microSD カードへ同じ OS を書き込む際には、キャッシュに保持しているファイルを使うので、処理が完了するまでの時間が短縮します。

よくできていますね！ 以前、「ファイルシステム形式（FAT32）の関係から 32GB の microSD カードを……」なんて話がありましたが、詳しく教えてもらえますか？

例えば、現在、Windowsのファイルシステム形式としては、「NTFS」が一般的です。しかし、Windows 95とかの時代は、「FAT32」という形式だったんです。

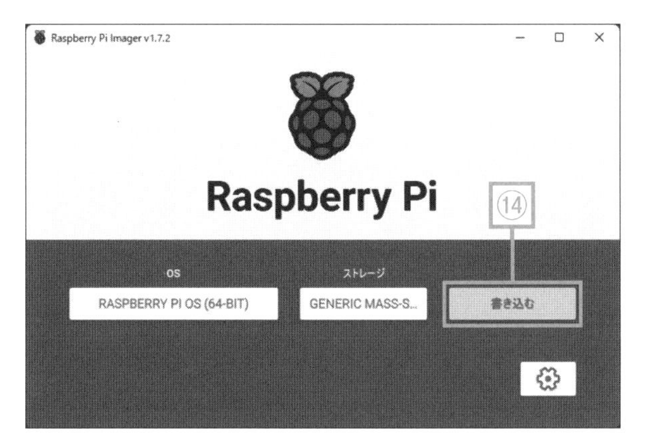

◆ 図 4.16.1　書き込みの実行

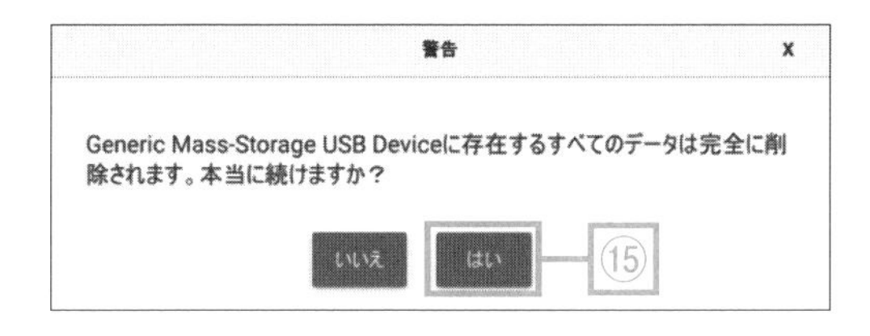

◆ 図 4.16.2　警告メッセージ

◆ 図 4.16.3　書き込み中の進捗

4.17 ラズパイをセットアップする⑥

ラズパイのファイルシステム形式について

ファイルシステム形式に関して、照和さんの説明が続きます。

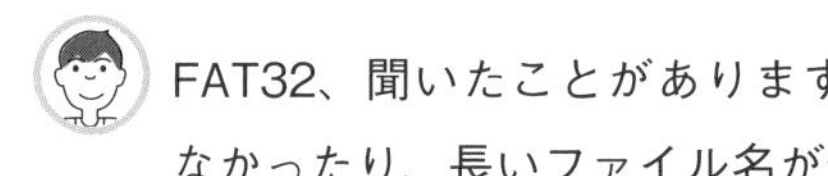

FAT32、聞いたことがあります。今のような大容量ディスクに対応できなかったり、長いファイル名が付けられなかったりと、いろいろ制約があったんですよね？

よく知ってますね。ラズパイのファイルシステム形式はFAT32（または、それ以前のFAT16）なんですけど、仮にWindows OS標準のツールを使ってmicroSDカードをFAT32でフォーマットしようとすると、32GBまでの容量に制限されます。32GBを超えるとFAT32が選択できず、拡張版の「exFAT」という形式になるんですよ。

そういうことから、今回は32GBを選んでいるんですね。容量も十分だし、価格も割安ということで……。

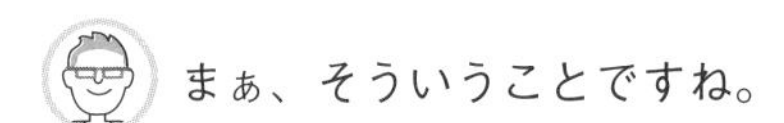

まぁ、そういうことですね。

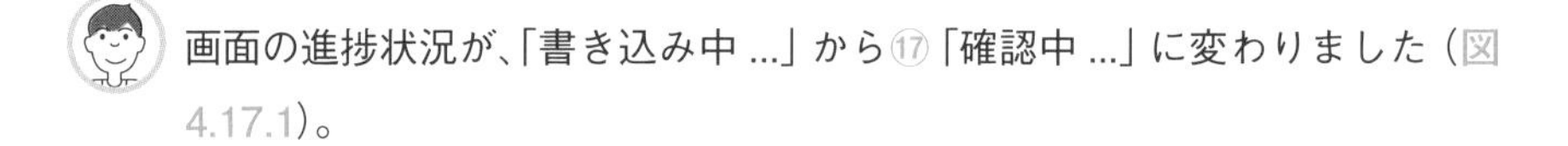

画面の進捗状況が、「書き込み中 ...」から⑰「確認中 ...」に変わりました（図4.17.1）。

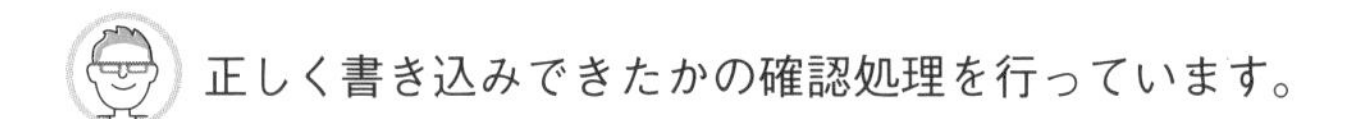

正しく書き込みできたかの確認処理を行っています。

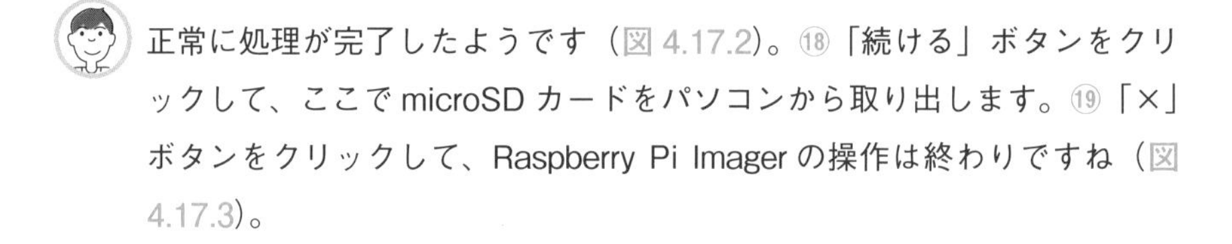

正常に処理が完了したようです（図4.17.2）。⑱「続ける」ボタンをクリックして、ここでmicroSDカードをパソコンから取り出します。⑲「×」ボタンをクリックして、Raspberry Pi Imagerの操作は終わりですね（図4.17.3）。

次は microSD カードをラズパイにセットして、電源を ON しましょう。ディスプレイとマウス、キーボードの取り付けもお願いできますか。

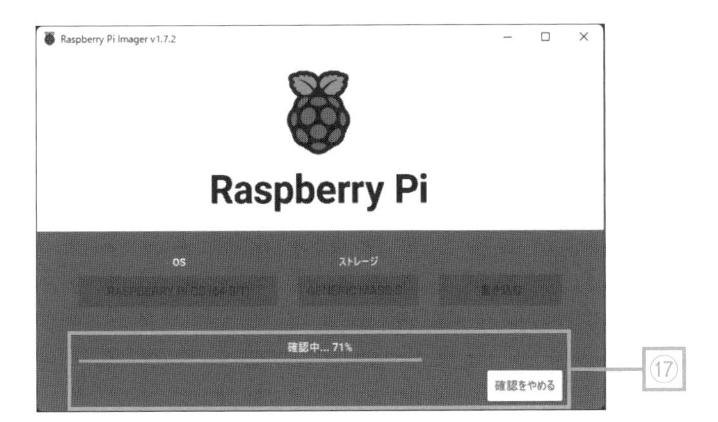

◆ 図 4.17.1　確認処理

◆ 図 4.17.2　SD カードの取り出しメッセージ

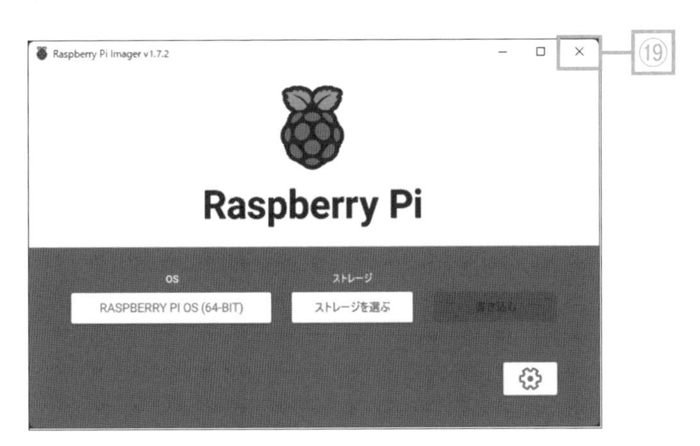

◆ 図 4.17.3　Raspberry Pi Imager の終了

4.18 ラズパイをセットアップする⑦

ラズパイの初期設定

いよいよラズパイの電源をONし、Raspberry Pi OSを初期設定します。

ラズパイの電源をONしました。画面が立ち上がるまで時間がかかっているようです。

初回起動時は、microSDカードに書き込んだ圧縮ファイルを展開しているので、（数分程度）辛抱強く待つ必要があります。「あれ、何かおかしい？フリーズ？」と思って、電源を入れたり切ったりしないよう、注意してください。

やっと立ち上がりました。自動ログインしてデスクトップ画面が表示されました（図4.18.1）。この後の操作を教えてください。

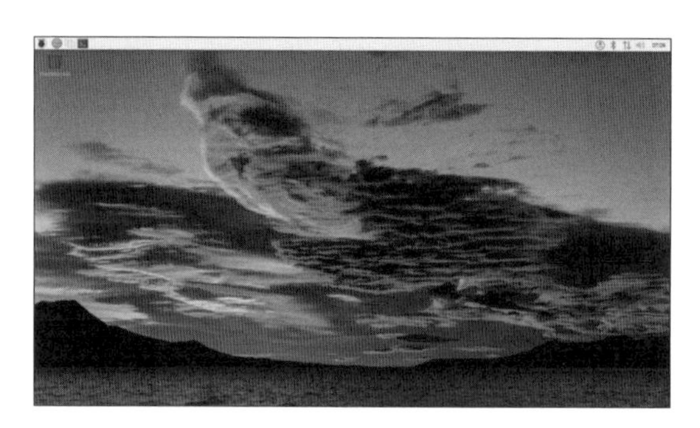

◆ 図4.18.1　デスクトップ画面

まずは、IPアドレス等のネットワーク設定をします。右上の⑳ネットワークアイコン⇅をマウスで右クリックし、設定メニューの一番上にある㉑「Wireless & Wired Network Settings」を選ぶと、㉒設定のためのダイアログが開くはずです（図4.18.2）。

◆ 図 4.18.2　ネットワーク設定のダイアログ

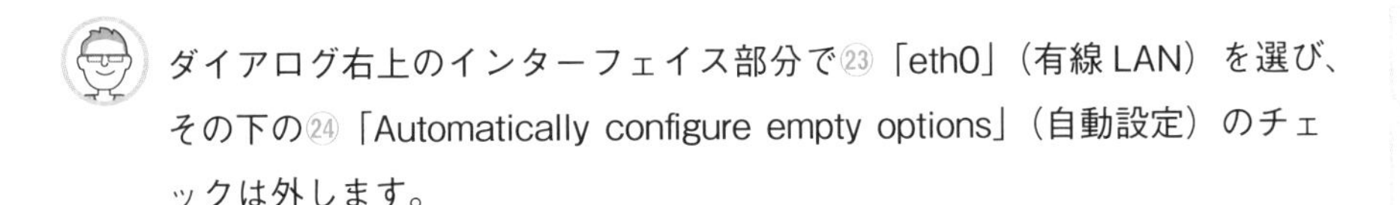

ダイアログ右上のインターフェイス部分で㉓「eth0」（有線 LAN）を選び、その下の㉔「Automatically configure empty options」（自動設定）のチェックは外します。

わかりました。各種 IP アドレスは、㉕このような設定で問題ないですか？

・IPv4 Address：192.168.11.110（固定 IP アドレス）
・Router：192.168.11.1（デフォルトゲートウェイ）
・DNS Servers：192.168.11.1（DNS サーバー）

問題ありません。㉖「Apply」と「Close」のボタンをクリックして、ダイアログを閉じましょう。

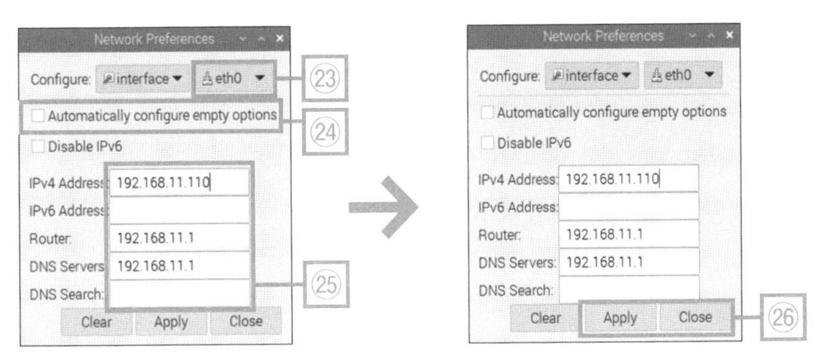

◆ 図 4.18.3　各種 IP アドレスの情報を設定

4.19 ラズパイをセットアップする⑧

アップデートと、日本語環境への変更①

ラズパイのセットアップが続きます。

さっきから、デスクトップ右上にある㉗ダウンロードを促すようなアイコンが気になっているんですけど……（図 4.19.1）

それは、「アップデートして！」のマークです。マウスで右クリックするとメニューが表示されるので、㉘「Install Updates」を選びます。

㉙アップデートが始まりました！

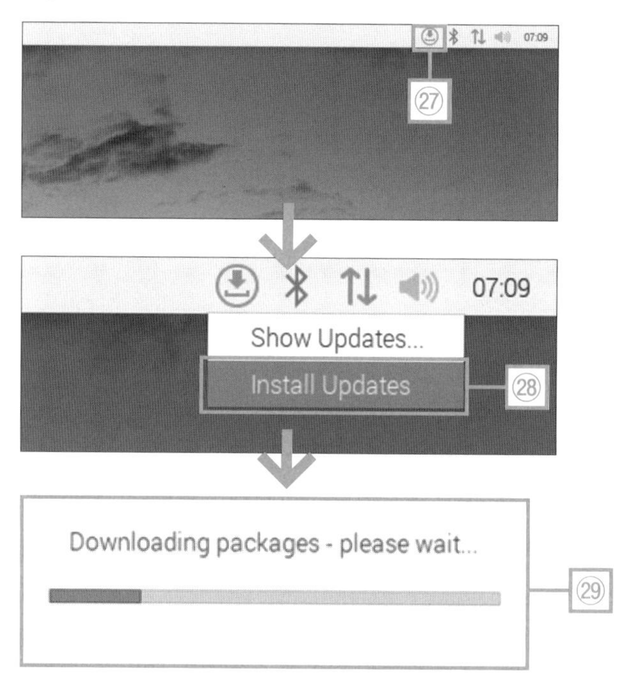

◆ 図 4.19.1　ソフトウェアのアップデート

次に、デスクトップを日本語環境に変更しましょう。デスクトップ左上の㉚「ラズベリー」アイコンをクリックして、㉛「Preferences」（設定）から㉜「Raspberry Pi Configuration」（ラズベリーパイシステムの設定）を選びます（図 4.19.2）。

すると㉝設定のダイアログが開くので、続けて㉞「Localisation」（ローカライゼーション）のタブを選びましょう。

◆ 図 4.19.2　ラズベリーパイの設定ダイアログ

4.20 ラズパイをセットアップする⑨

日本語環境への変更②

デスクトップ環境を日本語化する続きを説明します。

最初は、㉟「Set Locale」（ロケールの設定）からですね（図 4.20.1）。

㊱設定のダイアログが開いたら、㊲「Language」で「ja(Japanese)」、「Character Set」で「UTF-8」を選択し、㊳「OK」ボタンをクリックします。次に㊴「Set Timezone」（タイムゾーンの設定）に進みます。

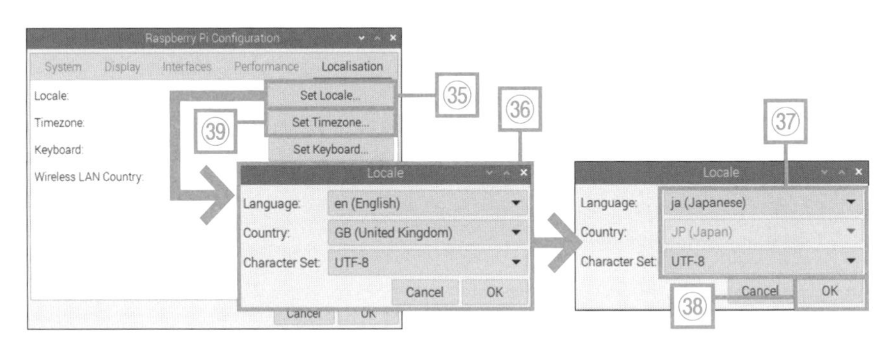

◆ 図 4.20.1　ロケールの設定

わかりました！。㊵設定のダイアログが開いたら（図 4.20.2）、㊶「Area」に「Japan」を選択して、㊷「OK」ボタンをクリックすればいいですか？

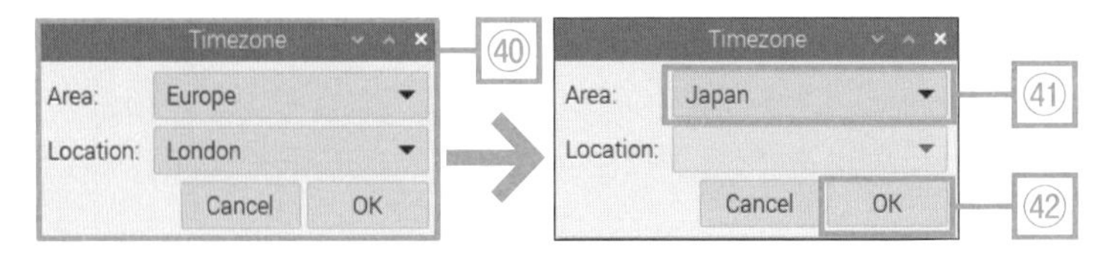

◆ 図 4.20.2　タイムゾーンの設定

その通りです。続いて㊸「Set Keyboard」（キーボードの設定）もお願いします（図 4.20.3）。

㊹設定のダイアログから、㊺Layout で「Japanese」、Variant で「Japanese(OADG 109A)」を選択すれば大丈夫でしょうか？

大丈夫です！続けて、㊻㊼「OK」ボタンもクリックしてください。

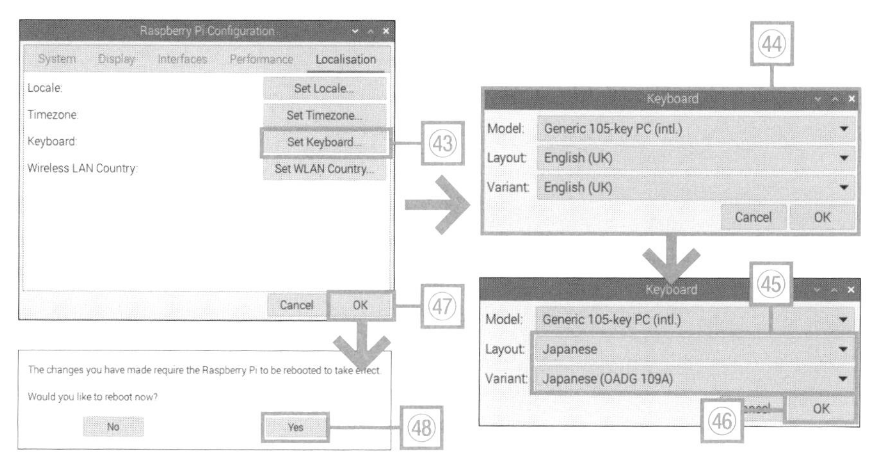

◆ 図 4.20.3　キーボードの設定

再起動を促すメッセージボックスが出ました。㊽「Yes」のボタンをクリックしますね。（OS が再起動すると……）見事に㊾メニューが日本語化しました（図 4.20.4）。

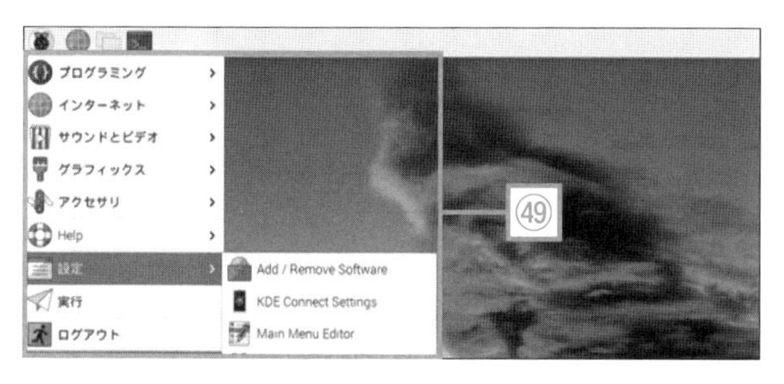

◆ 図 4.20.4　（OS の再起動後）日本語化したデスクトップ

4.21 VPN サーバーをセットアップする①

SoftEther VPN サーバーをダウンロード

ここからは、ラズパイに SoftEther VPN サーバーをインストールしていきます。

それでは、SoftEther VPN サーバーをセットアップしましょう。①ブラウザから、②次の Web サイト（https://www.softether-download.com/）にアクセスします（図 4.21.1）。

◆ 図 4.21.1　SoftEther ダウンロード センター

わかりました。③次の項目を選択すると（図 4.21.2）、

・コンポーネントを選択：SoftEther VPN Server
・プラットフォームを選択：Linux
・CPU を選択：ARM 64bit(64bit)

ダウンロード可能なファイルが表示されました。④一番上のバージョンを選べばいいですか？

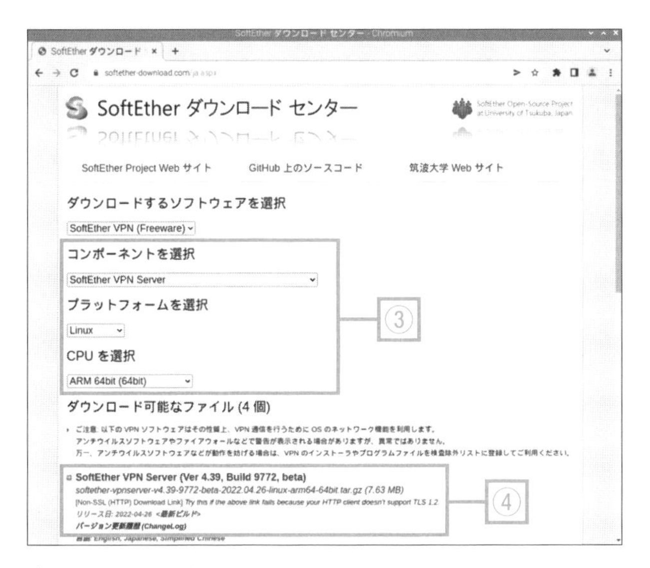

◆ 図 4.21.2　対象のファイルを選択

beta（ベータ）版となっていますが、最新バージョンが望ましいので、今回はこれを使うことにします。

クリックすると⑤ダウンロードが完了しました。表示されているファイルをマウスで右クリックして、⑥フォルダを開きます。⑦「/home/pi/Downloads」フォルダにファイルが保存されたようですね（図 4.21.3）。

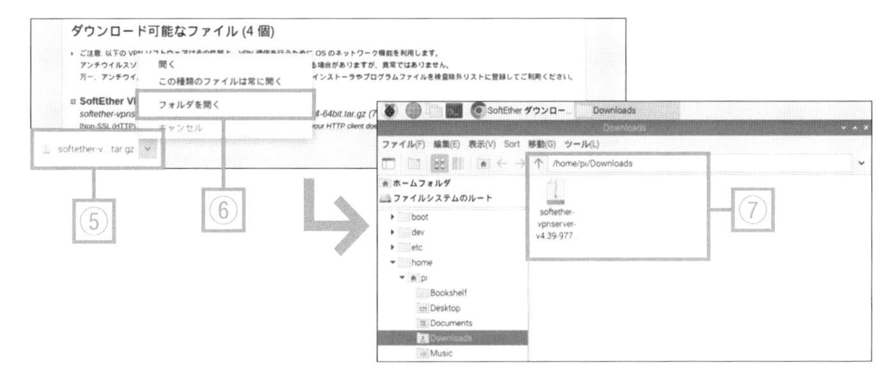

◆ 図 4.21.3　ファイルをダウンロード

4.22 VPN サーバーをセットアップする②

ターミナルから SoftEther VPN サーバーを設定

SoftEther VPN サーバーの詳しい設定に入ります。

さて、ここからはシステムエンジニアっぽくコマンド操作に入ります。左上の⑧ターミナルアイコン をクリックして、ターミナル画面を開いてください（図 4.22.1）。

ターミナル画面が開きました。これを使うと、システム設定している感が出そうです。

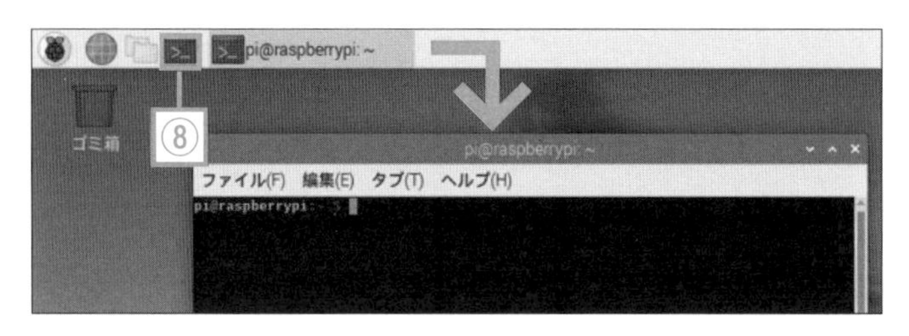

◆ 図 4.22.1　ターミナルを起動

コマンドメモを渡すので、その通りに入力をお願いします。色のついた文字が入力部分です。

・管理者（root）のパスワードを設定

```
pi@raspberrypi:~ $ sudo passwd root
新しい パスワード：*******
新しい パスワードを再入力してください：*******
```

※パスワードは任意の値

・管理者でログイン

```
pi@raspberrypi:~ $ su
パスワード：*******
```

・ダウンロードファイルを保存したフォルダへ cd コマンドで移動

```
root@raspberrypi:/home/pi# cd Downloads
```

・フォルダ内に存在するファイルを ls コマンドで確認

```
root@raspberrypi:/home/pi/Downloads# ls
softether-vpnserver-v4.39-9772-beta-2022.04.26-linux-
arm64-64bit.tar.gz
※１ファイルだけが存在
```

・ファイル名が長いので * で省略し、圧縮ファイルを tar コマンドで展開

```
root@raspberrypi:/home/pi/Downloads# tar xzvf *.tar.gz
※多くの実行メッセージが表示される（エラー等が発生していないことを確認）
```

・展開されたファイルを ls コマンドで確認

```
root@raspberrypi:/home/pi/Downloads# ls
softether-vpnserver-v4.39-9772-beta-2022.04.26-linux-
arm64-64bit.tar.gz
vpnserver
※「vpnserver」フォルダが作成され、その中に各種ファイルが存在
```

・「vpnserver」フォルダへ cd コマンドで移動し、make コマンドを実行

```
root@raspberrypi:/home/pi/Downloads# cd vpnserver
root@raspberrypi:/home/pi/Downloads/vpnserver# make
※多くの実行メッセージが表示される（エラー等が発生していないことを確認）
```

・一つ上のフォルダへ cd コマンドで移動

```
root@raspberrypi:/home/pi/Downloads/vpnserver# cd ../
```

・「vpnserver」フォルダを /usr/local フォルダの配下へ mv コマンドで移動

```
root@raspberrypi:/home/pi/Downloads# mv vpnserver /usr/local
```

・移動先の /usr/local フォルダへ cd コマンドで移動

```
root@raspberrypi:/home/pi/Downloads# cd /usr/local
```

・「vpnserver」フォルダの権限を chmod コマンドで変更

```
root@raspberrypi:/usr/local# chmod 755 vpnserver
```

・「vpnserver」フォルダへ cd コマンドで移動

```
root@raspberrypi:/usr/local# cd vpnserver
```

・「vpnserver」フォルダ内にあるファイルの権限を chmod コマンドで一括変更

```
root@raspberrypi:/usr/local/vpnserver# chmod 600 *
```

・vpncmd と vpnserver のファイルだけ、権限を chmod コマンドで再度変更

```
root@raspberrypi:/usr/local/vpnserver# chmod 700 vpncmd
root@raspberrypi:/usr/local/vpnserver# chmod 700 vpnserver
```

・vpnserver をサービス起動するため、nano エディタで設定ファイルを作成

```
root@raspberrypi:/home/pi# nano /etc/systemd/system/vpnserver.service
```

・nano エディタが開いたら、⑨次の内容を入力（図 4.22.2）

```
[Unit]
Description=Softether VPN Server Service
After=network.target

[Service]
Type=forking
User=root
```

```
ExecStart=/usr/local/vpnserver/vpnserver start
ExecStop=/usr/local/vpnserver/vpnserver stop
Restart=always

[Install]
WantedBy=multi-user.target
```

- ⑩キーボードから ctrl + X キー、⑪ Y キー、⑫（そのまま） Enter キーを入力して、ファイルを保存

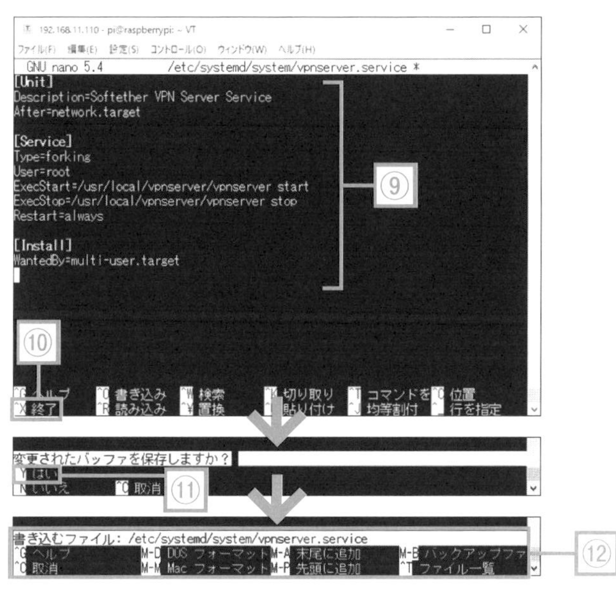

◆ 図 4.22.2 nano エディタで設定ファイルを作成

- vpnserver のサービスを systemctl start コマンドで起動

```
root@raspberrypi:/usr/local/vpnserver# systemctl start vpnserver.service
```

- vpnserver のサービスを systemctl enable コマンドで有効化

```
root@raspberrypi:/usr/local/vpnserver# systemctl enable vpnserver.service
```

4.23 VPN サーバーをセットアップする③

Windows パソコンから設定を行うための準備

続いて Windows パソコンから、SoftEther VPN サーバーの各種設定を行うための準備を行います。

この先は、Windows パソコンから管理ツールを使って設定しましょう。先ほどの Web サイト（https://www.softether-download.com/）から、Windows パソコンに「SoftEther VPN Server Manager for Windows」をダウンロードします。

わかりました。⑬次の項目を選択し、⑭一番上のバージョンを選んでダウンロードします（図 4.23.1）。

・コンポーネントを選択：SoftEther VPN Server Manager for Windows
・プラットフォームを選択：Windows
・CPU を選択：Intel(x86 and x64)

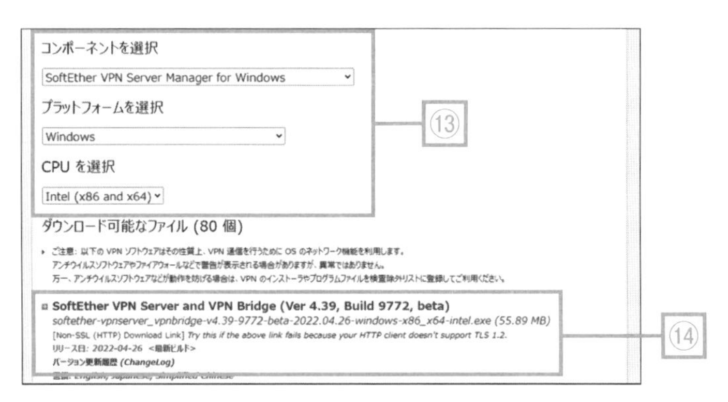

◆ 図 4.23.1　SoftEther ダウンロード センター

ダウンロードしたセットアップファイルを実行し、途中でインストールす

るソフトウェア選択のダイアログが開いたら、⑮「SoftEther VPN サーバー管理マネージャ（管理ツールのみ)」を選びます（図 4.23.2)。

caution　セットアップファイルの実行には、パソコンの管理者権限が必要です。

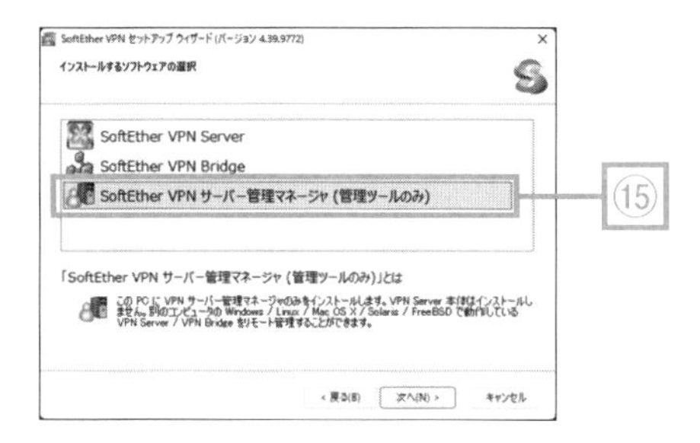

◆ 図 4.23.2　ソフトウェアの選択

そのダイアログ以外は「次へ」ボタンをクリックしてどんどん進み、インストールが完了しました。途中、使用許諾契約書の同意だけでなく、⑯重要事項説明書の確認（図 4.23.3）があったので、ちょっとビックリしました。

当たり前のことですけど、VPN って使い方を間違えると最強のバックドアになりますからね。

VPN のネットワークが確立されると専用線でダイレクトに接続したイメージになるので、悪意を持つ第三者に不正利用されれば、確かにそうなる可能性が高いですね。インシデントを考えると、背筋がぞっとします。

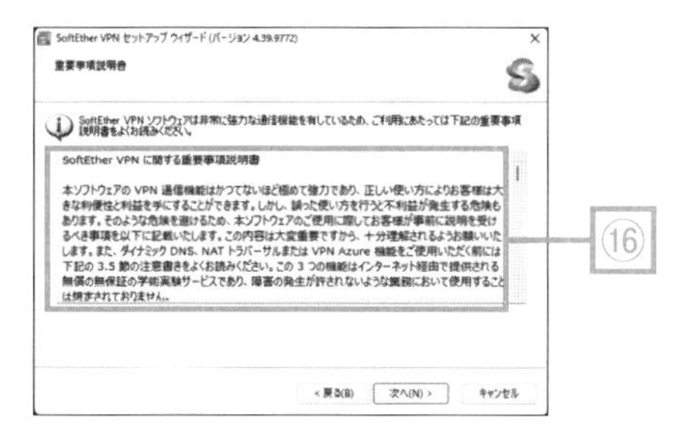

◆ 図 4.23.3　重要事項説明書

4.24 VPN サーバーをセットアップする④

SoftEther VPN サーバーへの接続設定

Windows パソコンから、SoftEther VPN サーバーへの接続設定を行います。

では、Windows パソコンから設定を始めましょう。スタートメニューから、⑰「SE-VPN サーバー管理 (ツール)」を実行してください（図 4.24.1)。

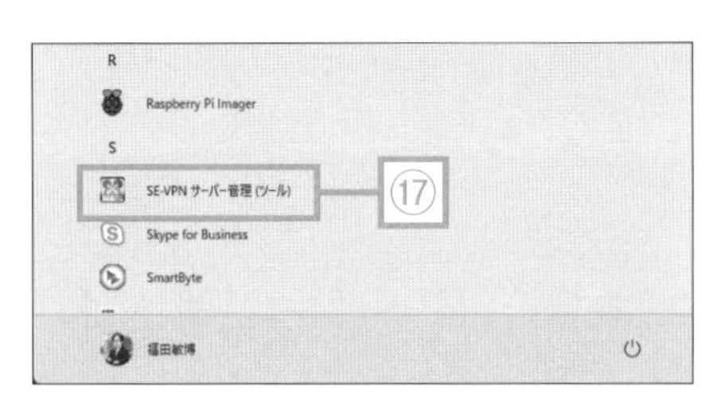

◆ 図 4.24.1　SE-VPN サーバー管理 (ツール) を実行

SoftEther VPN Server Manager の初期画面が立ち上がりました（図 4.24.2)。

◆ 図 4.24.2　SoftEther VPN Server Manager の初期画面

⑱「新しい接続設定」ボタンをクリックすると、接続設定を行うダイアログが開くはずです（図 4.24.3）。「接続設定名」に⑲「vpn01」（任意の名前を設定）、「ホスト名」にラズパイへ設定した固定 IP アドレス⑳「192.168.11.110」を入力し、最後に㉑「OK」ボタンをクリックします。

SoftEther VPN Server Manager の初期画面に、㉒接続設定が一つできました（図 4.24.4）。早速、㉓「接続」ボタンをクリックしますね。

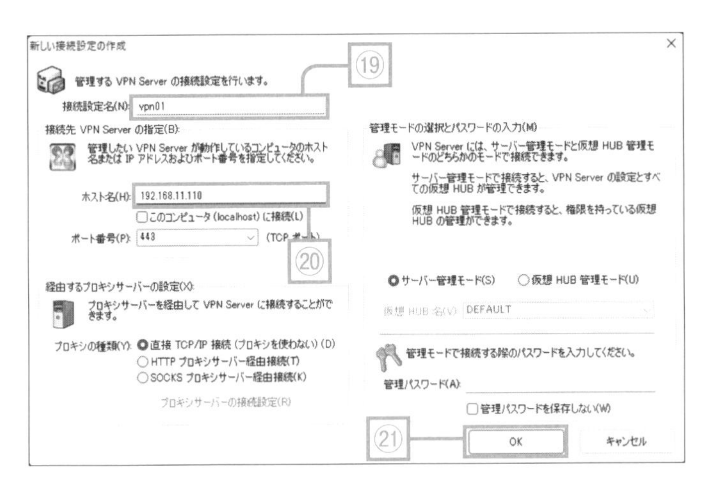

◆ 図 4.24.3　新しい接続設定の作成画面

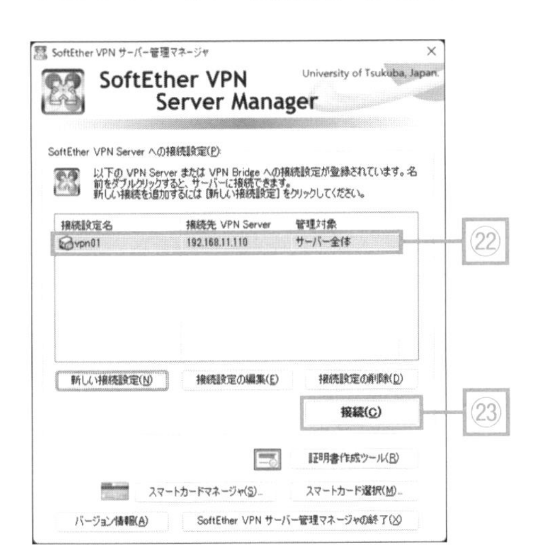

◆ 図 4.24.4　初期画面へ接続設定の作成が完了

4.25 VPN サーバーをセットアップする⑤

SoftEther VPN サーバーの仮想 HUB の作成と設定①

Windows パソコンから、SoftEther VPN サーバーの仮想 HUB を作成します。

続いて管理者のパスワードを設定するダイアログが表示されるので、㉔任意の値を入力しましょう（図 4.25.1)。

わかりしました。入力して㉕「OK」ボタンをクリックします。確認のメッセージボックスでも㉖「OK」をクリックします。続いて、簡易セットアップのダイアログが開きました（図 4.25.2)

今回の用途である㉗「リモートアクセス VPN サーバー」にチェックを入れ、㉘「次へ」ボタンをクリックして進んでください。

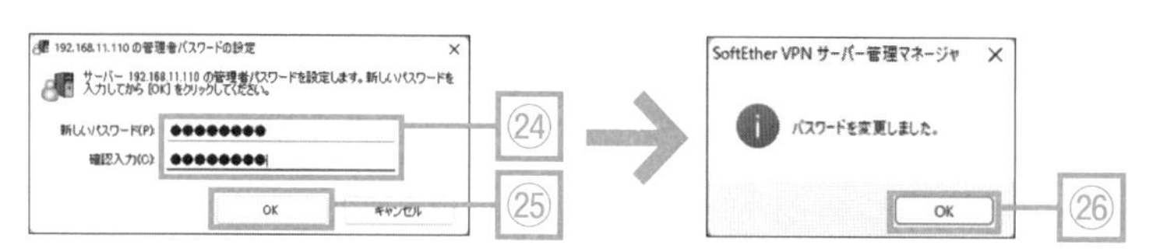

◆ 図 4.25.1　**管理者パスワードの設定**

設定を初期化するような確認のメッセージボックスが表示されました（図 4.25.3)。㉙「はい」ボタンをクリックして大丈夫ですか？

問題ありません。次に仮想 HUB 名を設定するダイアログが開くので、初期値の㉚「VPN」を㉛「VHUB」に変更して、㉜「OK」ボタンをクリックしましょう。

続いて、ダイナミック DNS 機能を設定するダイアログが開きました（図

4.25.4)。

㉝ダイナミック DNS のホスト名は VPN クライアントの設定をする際に必要なので、一応メモして㉞「閉じる」ボタンをクリックしましょう。

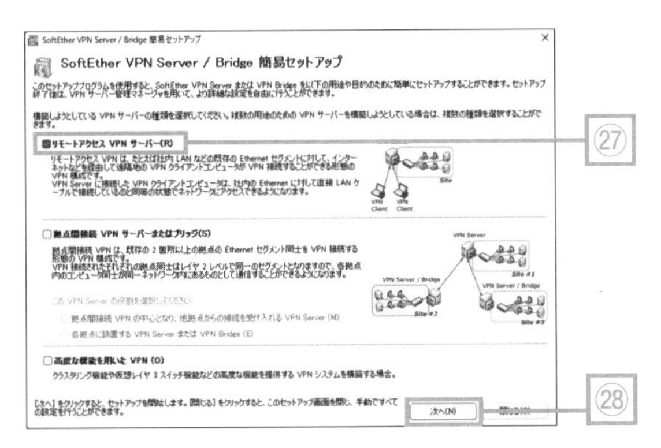

◆ 図 4.25.2　簡易セットアップのダイアログ

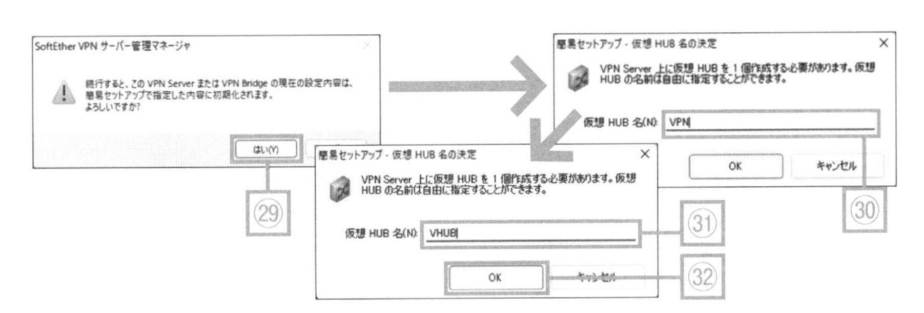

◆ 図 4.25.3　仮想 HUB 名の設定

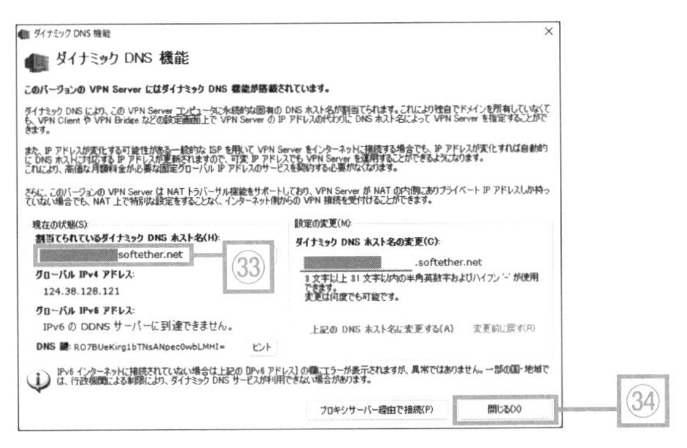

◆ 図 4.25.4　ダイナミック DNS のホスト名の確認

4.26 VPN サーバーをセットアップする⑥

SoftEther VPN サーバーの仮想 HUB の設定②

SoftEther VPN サーバーの仮想 HUB に関する設定が続きます。

続いて、今回は不要だと思われる機能の設定ダイアログが開きました（図 4.26.1）。とりあえず㉟「キャンセル」ボタンで次へ進んでいいですか？

大丈夫です。続いて VPN Azure サービスの設定ダイアログへ移るので、㊱「VPN Azure を有効にする」をチェックして、㊲「OK」ボタンをクリックしましょう（図 4.26.2）。

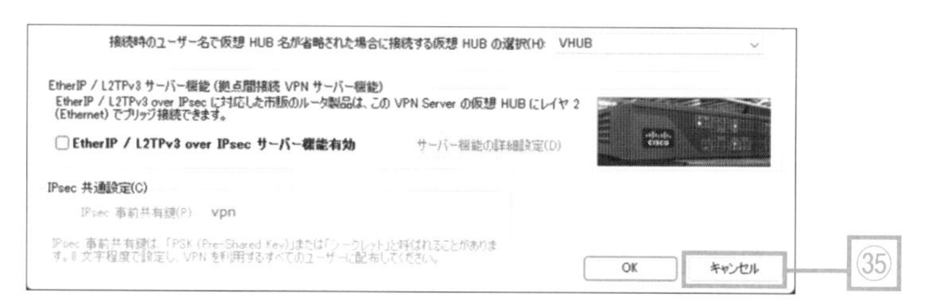

◆ 図 4.26.1　IPsec 等のサーバー機能のダイアログ

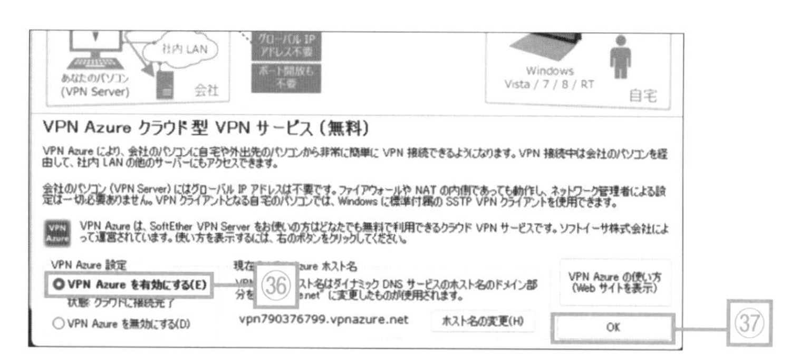

◆ 図 4.26.2　VPN Azure サービス設定のダイアログ

わかりました。これが例の VPN Azure を利用する際に加える、ちょっと

した設定ですね。続いて次のダイアログへ切り替わりました（図 4.26.3）。

とりあえず、テスト用に一つだけユーザーを作成しましょう。㊳「ユーザーを作成する」ボタンをクリックします。ユーザー作成のダイアログへ移るので、ユーザー名に㊴「user01」（任意の名前）と㊵パスワード（任意の値）を設定してください（図 4.26.4）。

それぞれに入力して㊶「OK」ボタンをクリックすると、確認のメッセージボックスが出ましたので、さらに㊷「OK」ボタンで進めます。本番のユーザー（テレワーク利用者）は、後で僕が登録しておきます。

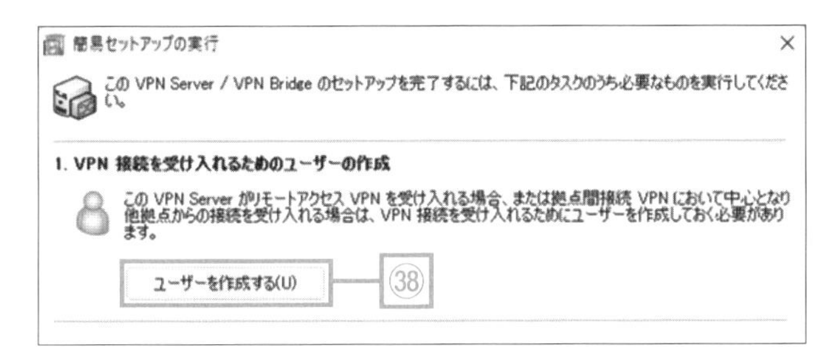

◆ 図 4.26.3　簡易セットアップのダイアログ（続き）

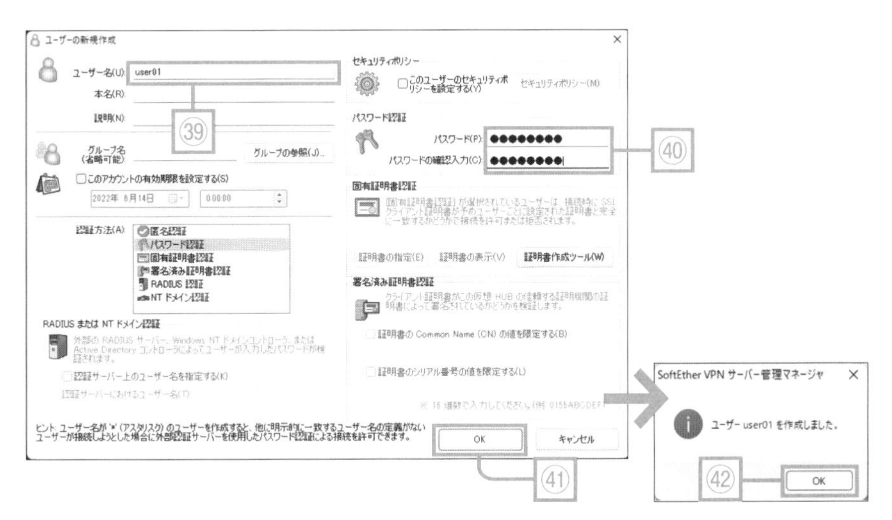

◆ 図 4.26.4　ユーザーの新規作成ダイアログ

4.27 VPN サーバーをセットアップする⑦

SoftEther VPN サーバーの仮想 HUB の設定③

SoftEther VPN サーバーの仮想 HUB に関する設定が続きます。

㊸登録したユーザーが一覧のダイアログに表示されました（図 4.27.1）。㊹「閉じる」ボタンをクリックします。

続いてローカルブリッジの設定をしたいところですが、今回はリモートアクセスとしての利用に限られるので、このまま㊺「閉じる」ボタンをクリックしてダイアログを終了しましょう。

つまり、今回は SecureNAT 機能を使うということですね？

その通りです。続いて VPN Server を管理するダイアログが開いたところで、㊻「仮想 HUB の管理 (A)」のボタンをクリックします（図 4.27.3）。VHUB を管理するダイアログへ移るので、㊼「仮想 NAT および仮想 DHCP サーバー機能」のボタンをクリックして次に進みましょう（図 4.27.4）。

◆ 図 4.27.1　ユーザー管理のダイアログ（一覧）

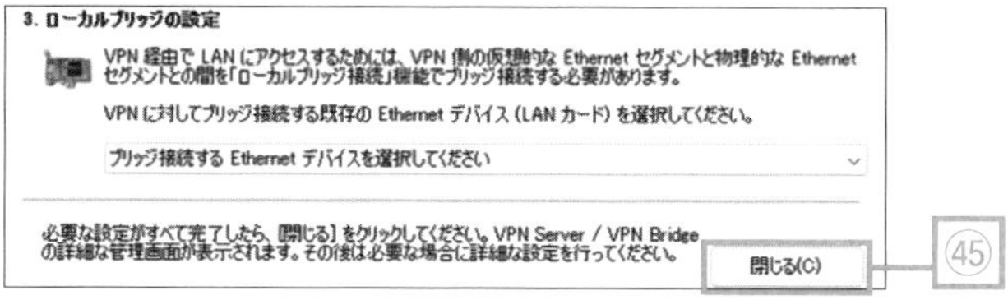

3. ローカルブリッジの設定

VPN 経由で LAN にアクセスするためには、VPN 側の仮想的な Ethernet セグメントと物理的な Ethernet セグメントとの間を「ローカルブリッジ接続」機能でブリッジ接続する必要があります。

VPN に対してブリッジ接続する既存の Ethernet デバイス (LAN カード) を選択してください。

ブリッジ接続する Ethernet デバイスを選択してください

必要な設定がすべて完了したら、[閉じる] をクリックしてください。VPN Server / VPN Bridge の詳細な管理画面が表示されます。その後は必要な場合に詳細な設定を行ってください。

閉じる(C)　㊺

◆ 図 4.27.2　簡易セットアップのダイアログ（終了）

◆ 図 4.27.3　VPN Server の管理ダイアログ

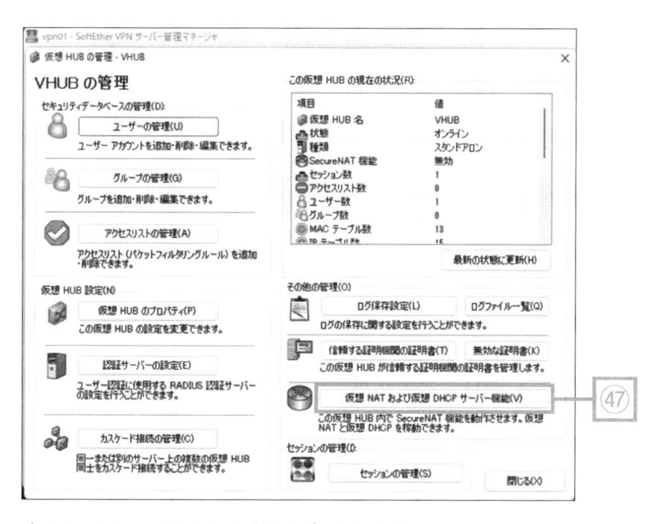

◆ 図 4.27.4　VHUB の管理ダイアログ

4.28 VPN サーバーをセットアップする⑧

SoftEther VPN サーバーの仮想 HUB の設定④

SoftEther VPN サーバーの仮想 HUB に関する設定も大詰めです。

SecureNAT に関する設定のダイアログが開きました（図 4.28.1）。

㊽「SecureNAT の設定」のボタンをクリックして、詳細を設定するダイアログへ移りましょう。

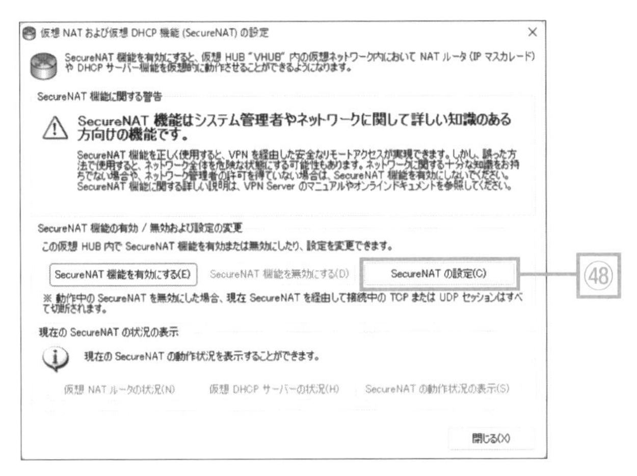

◆ 図 4.28.1　SecureNAT に関する設定のダイアログ

うわっ、IP アドレスを設定する項目がいっぱいあります（図 4.28.2）。

今回は初期設定のままで大丈夫です。そのまま㊾「OK」ボタンをクリックしてください。

・仮想ホストの IP アドレス：192.168.30.1

・DHCP で配布する IP アドレス：192.168.30.10 ～ 192.168.30.200

SecureNAT の設定

SecureNAT 仮想ホストが仮想 HUB "VHUB" の仮想ネットワーク内でどのような動作を行うかを設定してください。

仮想ホストのネットワークインターフェイスの設定

MAC アドレス(M): 5E-C7-B8-66-46-1F

IP アドレス(P): 192 .168 . 30 . 1

サブネットマスク(S): 255 .255 .255 . 0

仮想 NAT の設定

仮想 NAT 機能を使用する(A)

MTU 値: 1500 バイト

TCP セッションのタイムアウト(C): 1800 秒

UDP セッションのタイムアウト(U): 60 秒

静的ルーティングテーブルのプッシュ (スプリットトンネリング)

VPN クライアントに対して静的ルーティングテーブルをプッシュ送信することができます。

プッシュする静的ルーティングテーブルの編集

NAT および DHCP サーバーの動作をログファイルに保存する(L)

仮想 DHCP サーバーの設定

仮想 DHCP サーバー機能を使用する(N)

配布 IP アドレス帯(D): 192 .168 . 30 . 10 から

192 .168 . 30 .200 まで

サブネットマスク(B): 255 .255 .255 . 0

リース期限(E): 7200 秒

クライアントに割り当てるオプションの設定 (空欄でも可)

デフォルトゲートウェイのアドレス(F): 192 .168 . 30 . 1

DNS サーバーのアドレス 1 (V): 192 .168 . 30 . 1

DNS サーバーのアドレス 2 (X):

ドメイン名(W):

OK　キャンセル　㊾

◆ 図 4.28.2　SecureNAT に関する IP アドレス設定等のダイアログ

わかりました！ 続いて㊿「SecureNAT 機能を有効にする」ボタンをクリックします（図 4.28.3）。確認のメッセージボックスが出たので、51「OK」ボタンで戻り、先ほどのダイアログは52「閉じる」ボタンで終わります。

これで VPN サーバーの設定は完了です！ VPN Server を管理するダイアログを閉じて、SoftEther VPN Server Manager の初期画面を終了します。

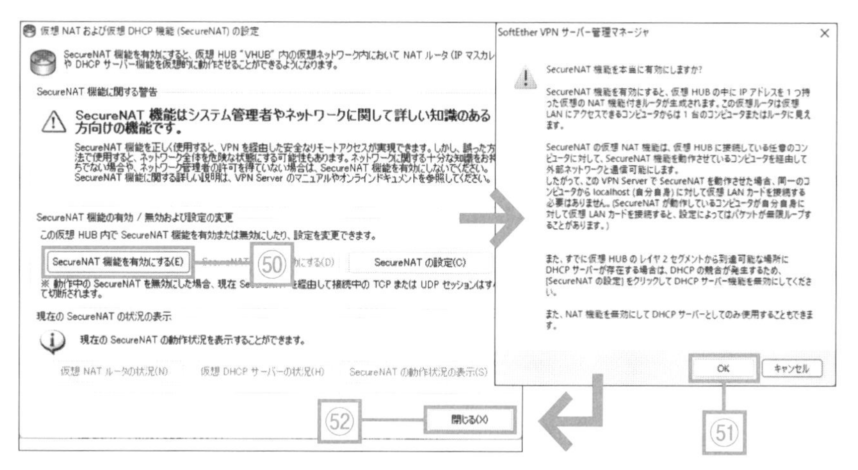

◆ 図 4.28.3　SecureNAT を有効にする

4.29 VPN クライアントをセットアップする①

SoftEther VPN クライアントのインストール

ここからは、Windows パソコンに SoftEther VPN クライアントをインストールしていきます。

僕のノートパソコンに SoftEther VPN クライアントをインストールします。先ほどの Web サイト（https://www.softether-download.com/）から、①次の項目を選択し、②一番上のバージョンを選んでダウンロードしますね（図 4.29.1）。

- コンポーネントを選択：SoftEther VPN Client
- プラットフォームを選択：Windows
- CPU を選択：Intel(x86 and x64)

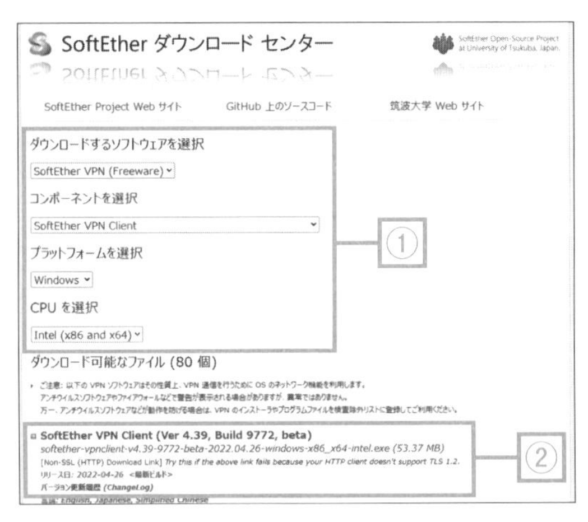

◆ 図 4.29.1　SoftEther ダウンロード センター

ダウンロードしたセットアップファイルを実行し、途中でインストールするソフトウェア選択のダイアログが開いたら、③「SoftEther VPN Client」

を選んでください（図 4.29.2）。

caution　セットアップファイルの実行には、パソコンの管理者権限が必要です。

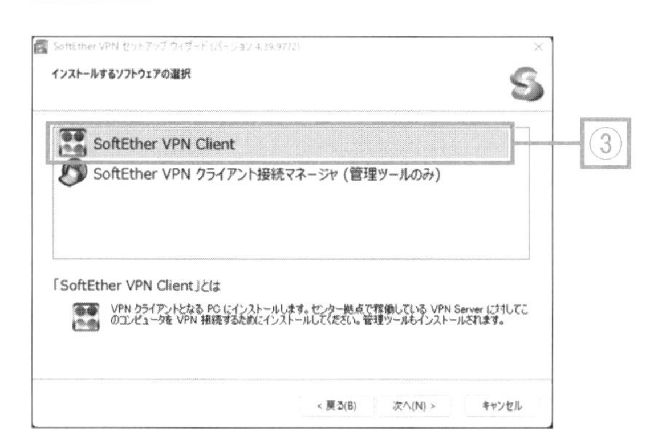

◆ 図 4.29.2　インストールするソフトウェアの選択

先ほどの管理ツール（SoftEther VPN Server Manager for Windows）と同様に、「次へ」ボタンをクリックしてどんどん進め、インストールが完了しました。途中、使用許諾契約書の同意と重要事項説明書の確認もありました。

それではスタートメニューから、インストールされた④「SoftEther VPN クライアント接続」を起動しましょう（図 4.29.3）。

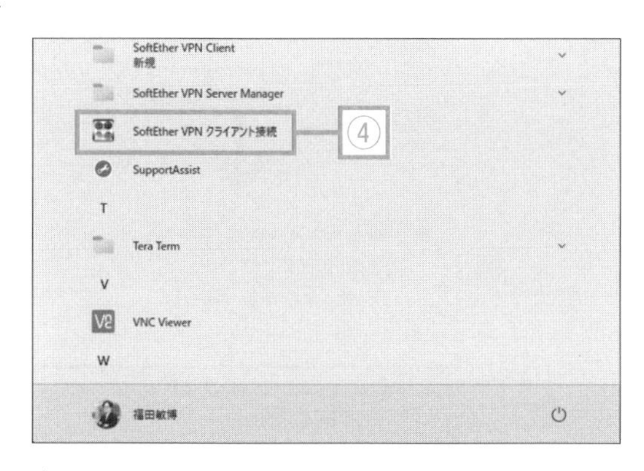

◆ 図 4.29.3　スタートメニューから VPN クライアント接続を起動

4.30 VPN クライアントをセットアップする②

SoftEther VPN クライアントの接続設定①

SoftEther VPN クライアントの接続設定に入ります。

「SoftEther VPN クライアント接続マネージャ」の画面が立ち上がりました（図 4.30.1）。⑤「新しい接続設定の作成」をクリックすればいいですか？

お願いします。仮想 LAN カードを作成するメッセージボックスが出たら、⑥「はい」ボタンをクリックして進めます。

新しい仮想 LAN カードを作成するダイアログが開きました。名前はこのまま（VPN）で、⑦「OK」ボタンをクリックします。⑧しばらくお待ちください……の進捗メッセージが出ました。

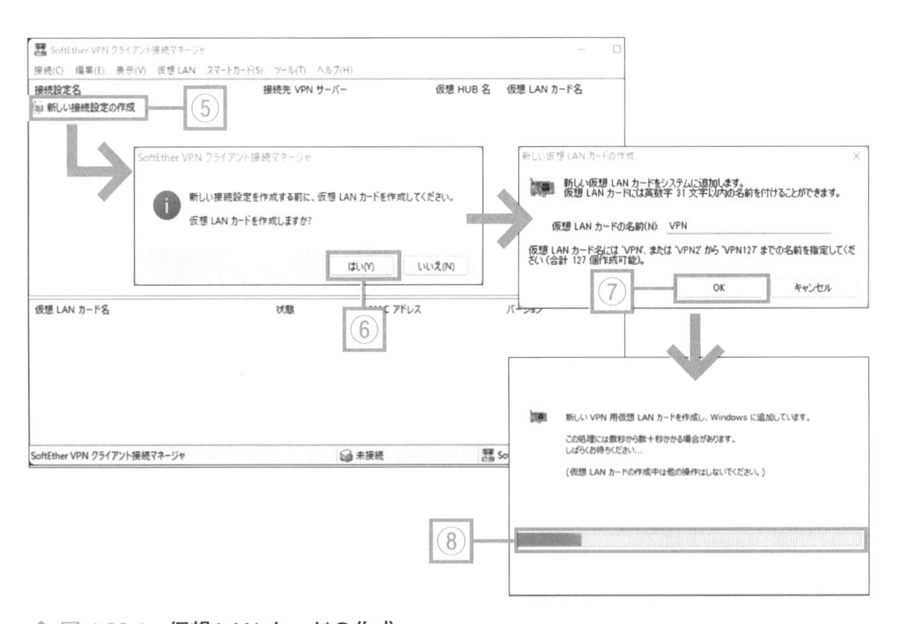

◆ 図 4.30.1　仮想 LAN カードの作成

仮想 LAN カードの作成が終わると、新しい接続設定を入力するダイアログが開くので、次のように設定しましょう（図 4.30.2）。

⑨接続設定名：vpn01
　※任意の名前
⑩ホスト名：（ダイナミック DNS のホスト名）
　※先ほどの VPN サーバーの設定でメモしたもの
⑪仮想 HUB 名：VHUB
　※ホスト名を正しく入力すると選択できる
⑫ユーザー名：user01
　パスワード (Y)：********
　※先ほどの VPN サーバーの設定で作成したもの

わかりました。入力後、⑬「OK」ボタンをクリックして先に進めますね。

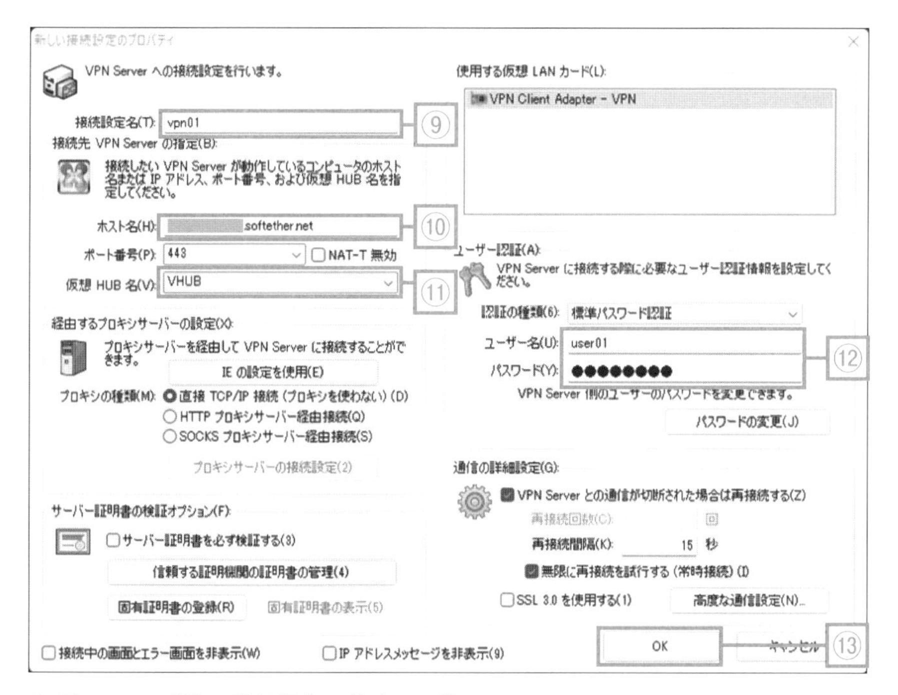

◆ 図 4.30.2　新しい接続設定のダイアログ

4.31 VPN クライアントをセットアップする③

SoftEther VPN クライアントの接続設定②

SoftEther VPN クライアントの接続設定も最終段階です。

SoftEther VPN クライアント接続マネージャの画面の上部に、⑭先ほど設定した項目が表示されています（図 4.31.1）。下部には、⑮仮想 LAN カードができています。

では、試しに接続してみましょう。メニューの「接続」またはマウスを右クリックして、⑯「接続」を選択してください。

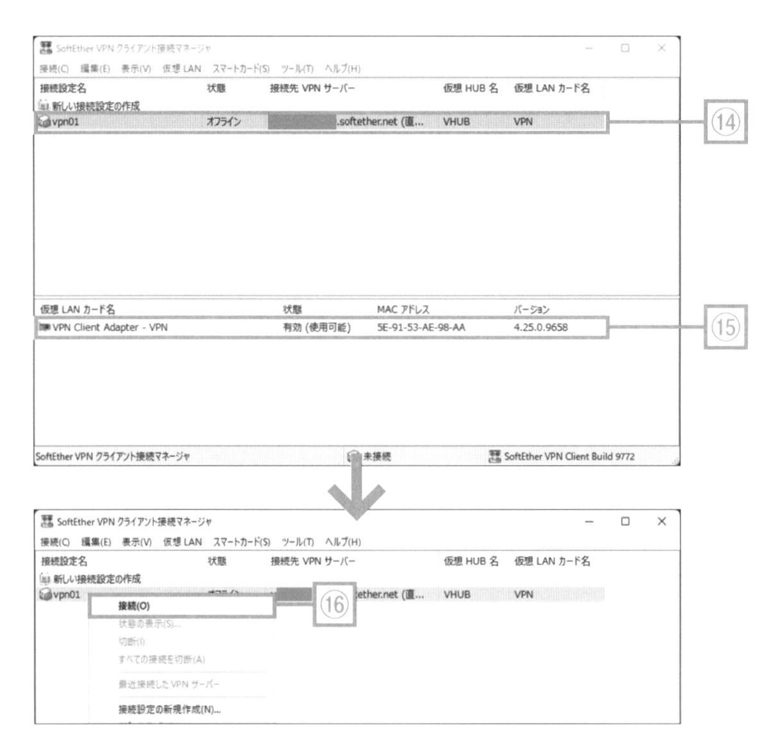

◆ 図 4.31.1　作成した設定で VPN に接続する

⑰ VPN サーバーへ接続中のメッセージが表示された後、VPN の DHCP から IP アドレスの割当てメッセージが表示されるので、⑱「閉じる」をクリックします。SoftEther VPN クライアント接続マネージャの項目が、⑲接続完了の状態に変わりました（図 4.31.2）。

とりあえず、これでクライアントの設定も完了です。いったん、VPN 接続を⑳マウスで右クリックにて「切断」しましょう。次は、いよいよファイルサーバーへアクセスします。

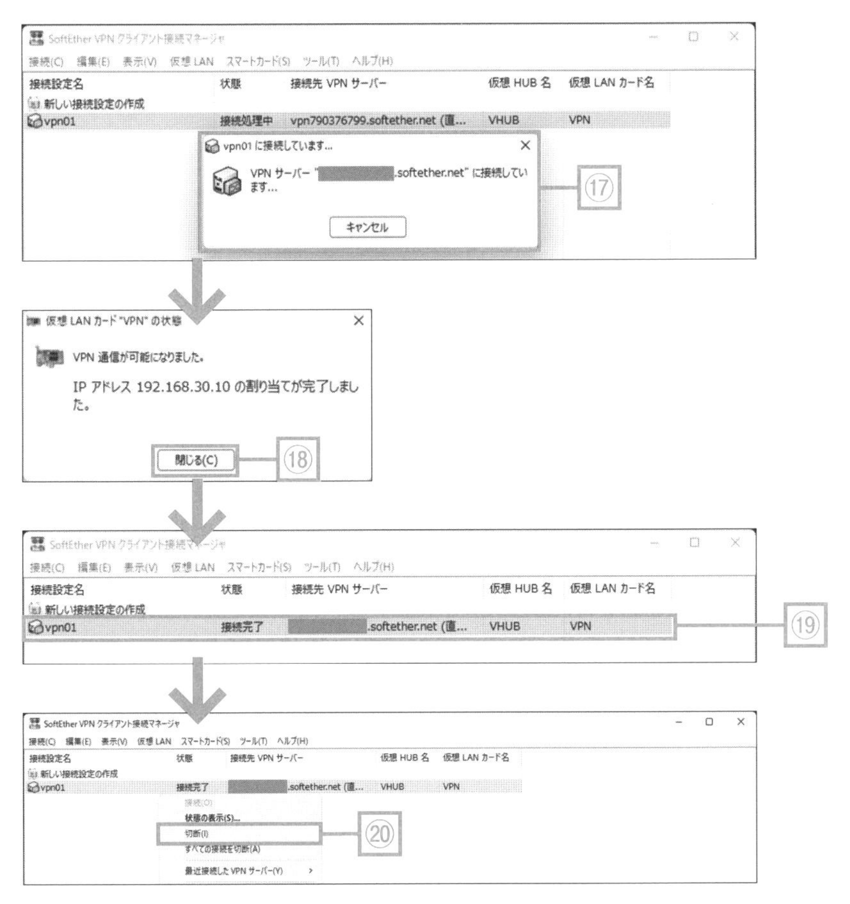

◆ 図 4.31.2　VPN に接続完了

4.32 VPNをテストする①

ファイルサーバーへの接続テスト①

一通りの設定が終わったので、ファイルサーバーに接続できるかテストします。

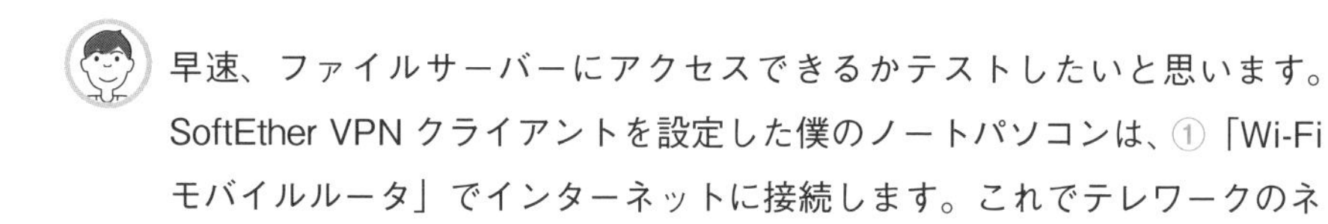

早速、ファイルサーバーにアクセスできるかテストしたいと思います。SoftEther VPNクライアントを設定した僕のノートパソコンは、①「Wi-Fiモバイルルータ」でインターネットに接続します。これでテレワークのネットワーク環境と同様になるはずです（図4.32.1）

わかりました。それでは、あらためてVPNへ接続しましょう。

先ほど（4.31）実施した、SoftEther VPNクライアント接続マネージャによる接続操作ですね！ 問題なく②VPN接続できました（図4.32.2）。

◆ 図4.32.1　Wi-Fiモバイルルータによるインターネット接続

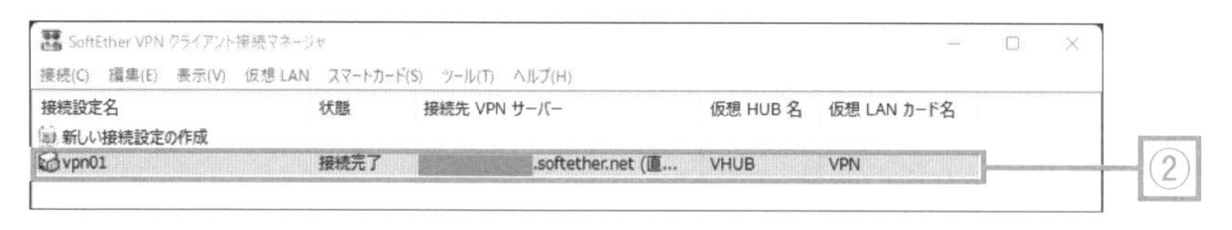

◆ 図4.32.2　クライアント接続マネージャからVPN接続

テスト接続としてエクスプローラのネットワークから、ファイルサーバーのIPアドレスを「¥¥192.168.11.100¥」のように直接指定したいと思います。その前に、タスクバー右下の③ネットワークアイコンをマウスで右クリックして、④「ネットワーク設定とインターネット設定」を選びます（図4.32.3）。

「ネットワークとインターネット」のダイアログが開きました（図4.32.4）。

もし、⑤「プロパティ」の下が「パブリック ネットワーク」の表示になっていたら、そこをマウスでクリックしましょう。

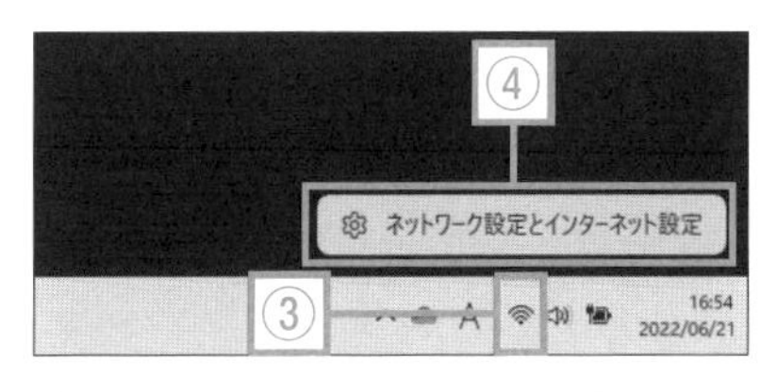

◆ 図4.32.3　ネットワーク設定とインターネット設定

◆ 図4.32.4　ネットワークとインターネットを設定するダイアログ

4.33 VPNをテストする②

ファイルサーバーへの接続テスト②

ファイルサーバーへの接続テストが続きます。

ネットワークとインターネットのダイアログの内容が変わりました（図4.33.1）。

今回はファイルの共有が必要なため、「パブリック(推奨)」から⑥「プライベート」への変更が必要です。

「プライベート」へ変更しました。設定を反映する「OK」ボタン等はないので、ダイアログ右上の⑦「×」ボタンをクリックして閉じます。

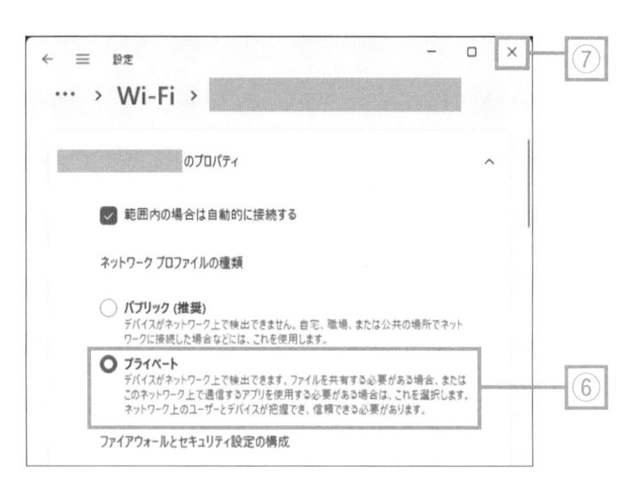

◆ 図4.33.1　Wi-Fiネットワークの設定を変更

さぁ、いよいよ接続テストです！ エクスプローラのネットワークからIPアドレス⑧「¥¥192.168.11.100¥」でアクセスしてみましょう（図4.33.2）。

ファイルサーバーの⑨共有フォルダが見つかりました。問題なくアクセスできますよ。やった〜。

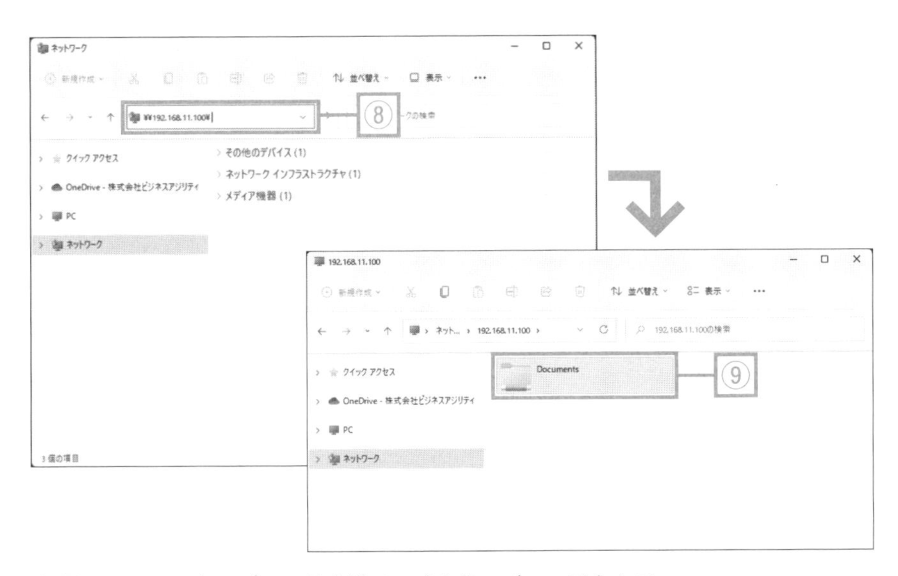

◆ 図 4.33.2　エクスプローラよりファイルサーバーへアクセス

一応、基幹システムや勤怠管理システムなどに対して、問題なくアクセスできるか確認してもらえますか。

わかりました。やってみますね。（操作が続き……）特に問題ないようです。

これで VPN の構築はいったん終了します。ここまでの内容で質問はありますか？

セキュリティの話かもしれませんが、例えば VPN からファイルサーバーへのアクセスに限定することなどはできますか？ 社内にある他のサーバーやパソコンの共有フォルダにはアクセスさせたくない場合とかです。

わかりました。では続けて、ちょっと高度な設定を説明しましょう。

4.34 VPNの高度な設定①

アクセス制御の設定

続いてアクセス制御に関するVPNの高度な設定を見ていきます。

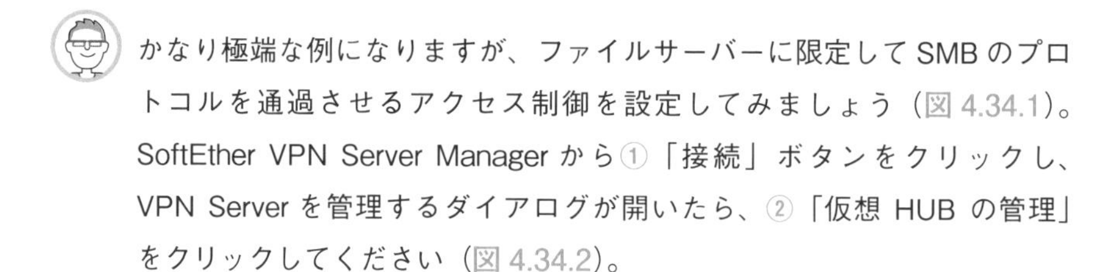

かなり極端な例になりますが、ファイルサーバーに限定してSMBのプロトコルを通過させるアクセス制御を設定してみましょう（図4.34.1）。SoftEther VPN Server Managerから①「接続」ボタンをクリックし、VPN Serverを管理するダイアログが開いたら、②「仮想HUBの管理」をクリックしてください（図4.34.2）。

わかりました。仮想HUBを管理するダイアログが開きました（図4.34.3）。続いて、③「アクセスリストの管理」ボタンをクリックしますね。アクセスリストのダイアログが開きました。

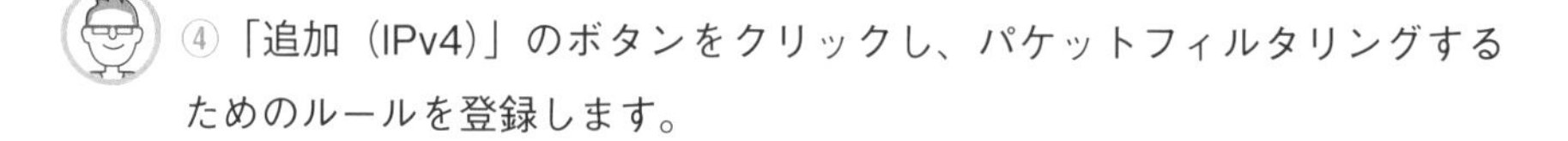

④「追加（IPv4）」のボタンをクリックし、パケットフィルタリングするためのルールを登録します。

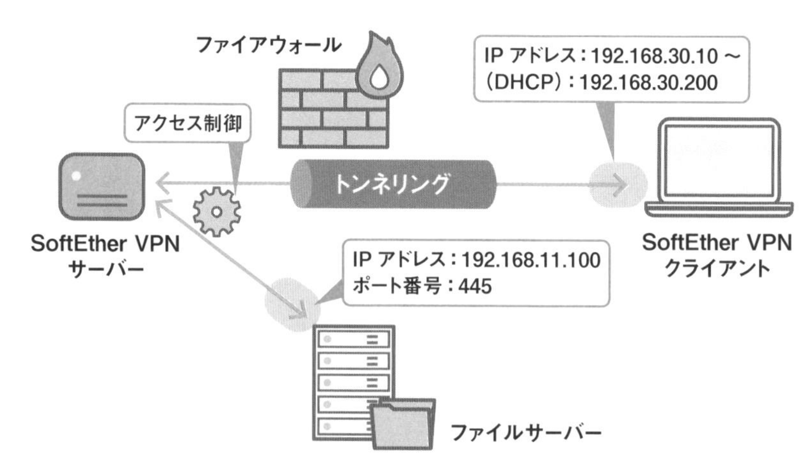

◆ 図4.34.1　VPNサーバーでのアクセス制御（イメージ）

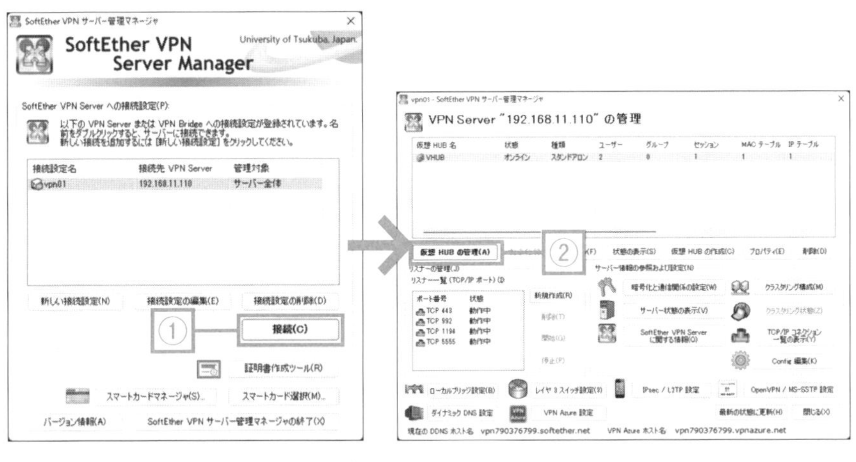

◆ 図 4.34.2　VPN Server の管理ダイアログ

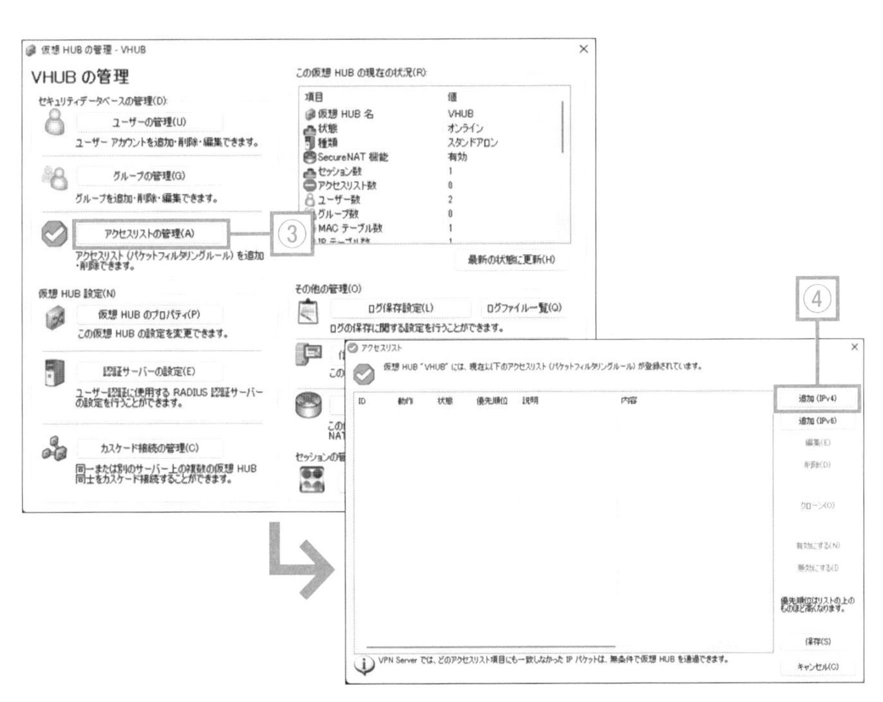

◆ 図 4.34.3　VHUB の管理からアクセスリストを登録

4.35 VPNの高度な設定②

パケットフィルタリングのアクセスリストの登録①

パケットフィルタリングのためのアクセスリストを登録していきます。

どのように設定をすればいいのか、教えてください。

最初に、ファイルサーバー側に入ってくるパケットフィルタリングの設定を行います。⑤～⑪の内容を入力し、⑫「OK」ボタンをクリックしてダイアログを閉じます（図4.35.1）。

⑤アクセスリストの説明：SMB_IN　※任意の値を入力

⑥動作：通過

⑦優先順位：1000　※初期値

⑧送信元IPアドレス：192.168.30.0 / 255.255.255.0
　※DHCPで割当てられるネットワークアドレス

⑨宛先IPアドレス：192.168.11.100 / 255.255.255.255
　※ファイルサーバーに限定

⑩プロトコルの種類：6 (TCP/IPプロトコル)

⑪宛先ポート番号：445

続いて、ファイルサーバー側から出ていくパケットフィルタリングの設定ですね。先ほどの逆となるので、次（図4.35.2）のような入力内容で問題ないですか？

- アクセスリストの説明：SMB_OUT
- 動作：通過
- 優先順位：1001
- 送信元IPアドレス：192.168.11.100 / 255.255.255.255
- 宛先IPアドレス：192.168.30.0 / 255.255.255.0
- プロトコルの種類：6 (TCP/IPプロトコル)
- 送信元ポート番号：445

さすがです！ 問題ありません。

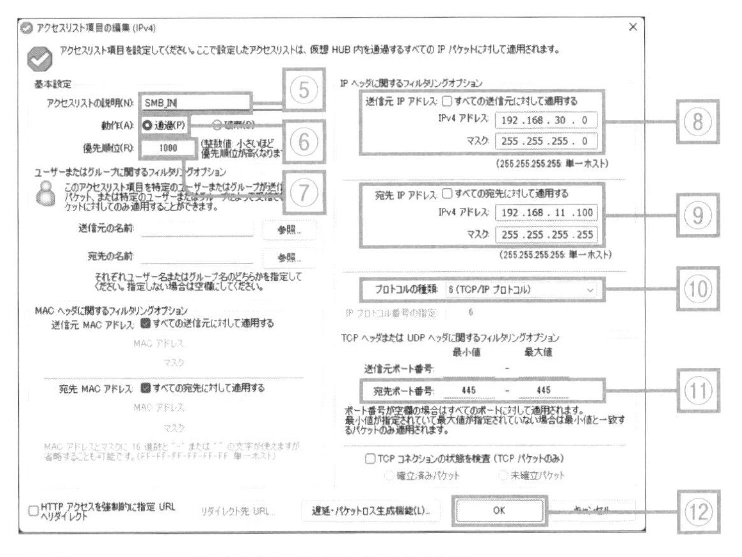

◆ 図 4.35.1　IN 側で SMB を通過させる設定

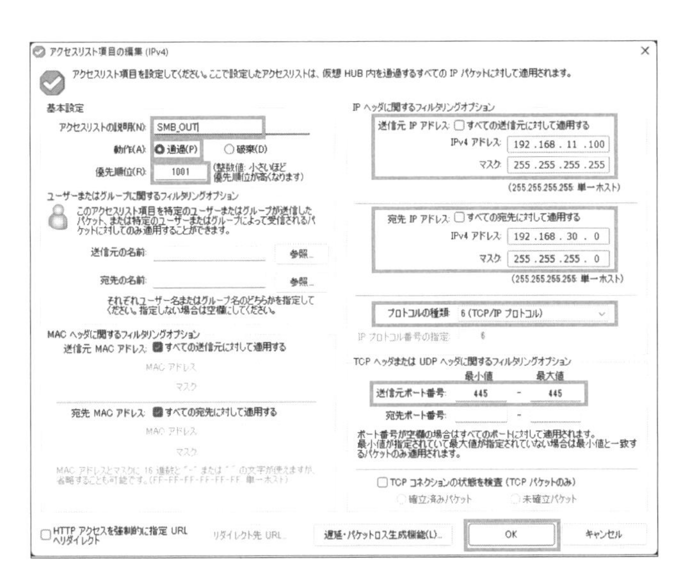

◆ 図 4.35.2　OUT 側で SMB を通過させる設定

4.36 VPNの高度な設定③

パケットフィルタリングのアクセスリストの登録②

アクセスリストの登録が続きます。

加えて、DHCPのプロトコルを通過させておく必要があります。IPアドレスが割り当てられる前から通信パケットは流れるので、IPアドレスの制限は行わずにDHCPが用いるUDP/IPの67番と68番を通過させましょう。

次のような内容（図4.36.1）で問題ないですか？。

・アクセスリストの説明：DHCP
・動作：通過
・優先順位：1201
・送信元IPアドレス：すべての送信元に対して適用する
・宛先IPアドレス：すべての宛先に対して適用する
・プロトコルの種類：17 (UDP/IPプロトコル)
・送信元ポート番号：67 - 68
・宛先ポート番号：67 - 68

問題ありません。最後に次の内容で、それ以外の通信パケットをすべて破棄します（図4.36.2)。

・アクセスリストの説明：全て破棄
・動作：破棄
・優先順位：1500

アクセスリストに⑬四つの登録ができたところで、⑭「保存」をクリックするのを忘れずに（図4.36.3)。

わかりました。実際にはこれを参考に、その他の必要なプロトコルを通過させる設定を加えておきます。

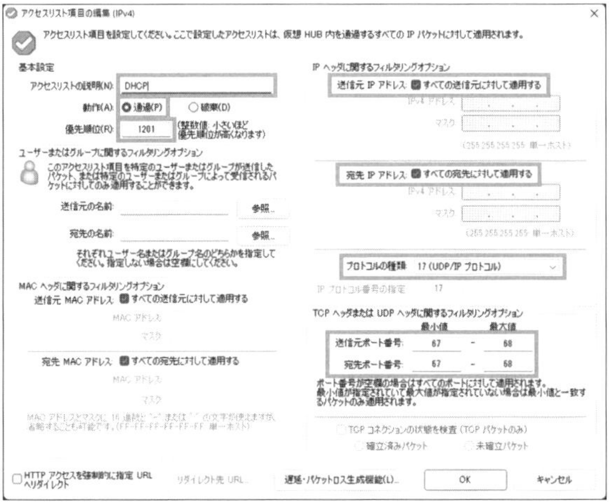

◆ 図4.36.1　DHCPを通過させる設定

◆ 図4.36.2　それ以外をすべて破棄する設定

◆ 図4.36.3　登録したアクセスリストのダイアログ

ラズパイをペネトレーションテストで利用する

ラズパイには、いろいろな種類のOSをインストールできます。その中でも、ホワイトハッカー御用達のLinuxと呼ばれる「Kali Linux」をインストールすることで、ラズパイをペネトレーションテスト（侵入テスト）のツールとして使うことも可能です。

Raspberry Pi Imagerの「OSを選ぶ」から「Other specific-purpose OS」を選ぶと、「Kali Linux」が見つかります。Kali Linuxには、あらかじめ脆弱性を利用した攻撃用ツールなど、300以上のソフトウェアがインストールされています。

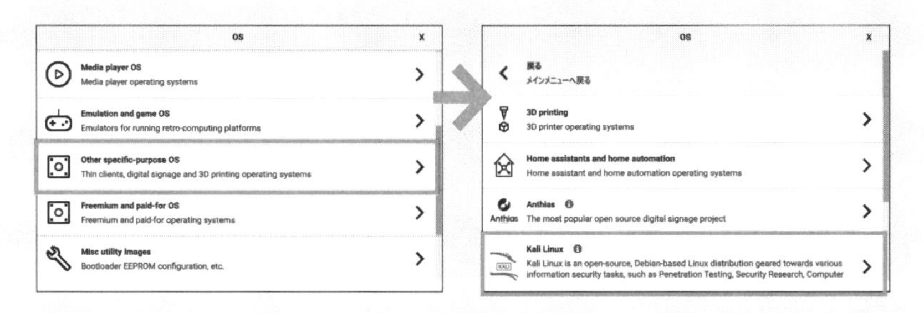

「Raspberry Pi Imager」で「Kali Linux」を選択する

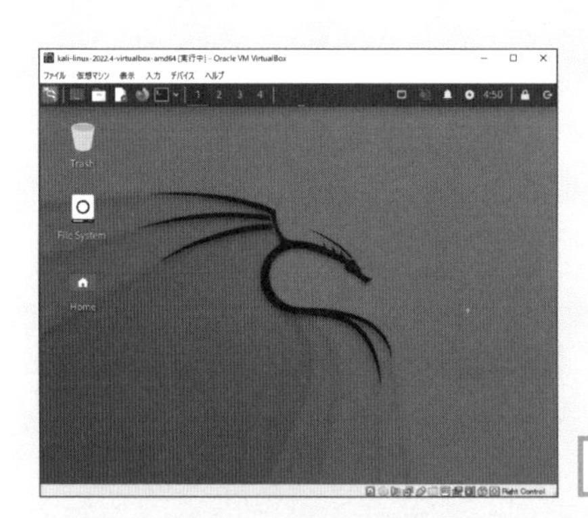

Kali Linuxのデスクトップ画面

◆ 図1　ラズパイにKali Linuxをインストール

第5章

欠かせない情報セキュリティ対策

5.1 情報セキュリティリスクとは?

必要な対策はリスクから導かれる

テレワークを安心・安全に進めるために欠かせないのが情報セキュリティです。どのように取り組めばいいのか、照和さんの話が始まります。

そろそろ、後回しにしていた情報セキュリティについて説明しましょうか？

よろしくお願いします！

そもそも情報セキュリティ対策が必要なのは、なぜだと思いますか？

ストレートな質問からスタートしますね……。あらためて聞かれるとちょっと戸惑いますが、次のようなことからだと思います。

・情報システム化（コンピュータ化）が進んだから

・システムやネットワークの技術がオープン化しているから

・サイバー攻撃の脅威が高まっているから

間違いではないです。そのような背景は確かにあります。では、いったいどのように対策を進めればいいでしょうか？

Webで検索して対策のベストプラクティスを調べるとか、ベンダーから提案を受けるとか……？ そういったところから手を付けそうな気がします。

なるほど。では例えば、少し風邪気味で喉が痛いときどうしますか？

痛みがひどくならないよう、喉の痛みに効く風邪薬を飲むと思います（図5.1.1）。

きっとそうですよね。間違っても胃腸薬は飲まないはず。少し無理はありますけど、これを情報セキュリティ対策に置き換えるとどうなると思いますか？

もしかして、「対策を行う」ということは、それが必要となる症状のようなものがあるからでしょうか？

その通りです！ 対策するのは、その要因となる情報セキュリティリスクがあるからなんです。

当たり前のことなので、今まで考えてもみませんでした。リスクに応じて対策を進めないと、対策そのものが的外れになるということですね。

情報セキュリティ対策は、その要因となるリスク次第ということです。教科書的にいえば、最初に情報セキュリティリスクアセスメントを実施して、そのリスクに応じて対策を進めることになります。

では今回もアセスメントから始めることになるんですか？

その前に、もう少し情報セキュリティ対策の原理原則を説明しましょう。

◆ 図 5.1.1　**必要な対策はリスクから導かれる**

5.2 情報セキュリティ管理とは?

情報セキュリティの基本的な考え方

照和さんによる、当たり前のような話が続きます。

またまた当たり前のようなことを聞いてもいいですか？「情報セキュリティ管理」と「情報セキュリティ対策」の違いについて、説明できますか？

管理と対策の違いですか？ 突き詰めると大きな違いはないように思えます。強いて言うなら、管理はマネジメントレベルのことで、対策はオペレーションレベルのことでしょうか。

もっともらしい感じの答えですね。一般的には、管理と対策は一体として行われることが多いので、明確に区別する必要はないかもしれませんね。

ぜひとも、照和さんの見解を教えてください！

では、情報セキュリティ管理から。一言で言うと、どのように情報セキュリティリスクから守っていくかといった、会社の仕組みづくりのことです。もう少し踏み込むと、次のような組織活動をいいます。

・基本方針の策定と浸透
・リスクから守るための社内体制を整備
・リスクアセスメント方法の確立と実施
・リスクに応じた対策の検討と導入
・社員教育の計画と実施
・内部監査等によるレビュー
・継続的な改善の推進

なんとなくですが、工場での品質管理や環境管理で行っている PDCA サイクル（図 5.2.1）を回すようなことでしょうか？

はい、いわゆるマネジメントシステムというものです。国際標準のISOでは、品質や環境と同じように「情報セキュリティマネジメントシステム(ISMS：Information Security Management System)」という規格があります。一般化して管理の視点で考えれば、品質、環境、情報セキュリティ、どれも大きな違いはないってことですね。

今まで全く別物だと思っていました。品質や環境に対する取り組みだと、社員の意識はそれなりに高いです。ただ、情報セキュリティというと、みんな他人ごとのように感じるはずですよ。

だからこそ、同じように考えることが重要なんです。実際にISOの規格では、どれも同じ章構成になっていますので。

そうなんですね！ まずは社長や部長など経営層に、そうした考えを持ってもらう必要がありそうです。

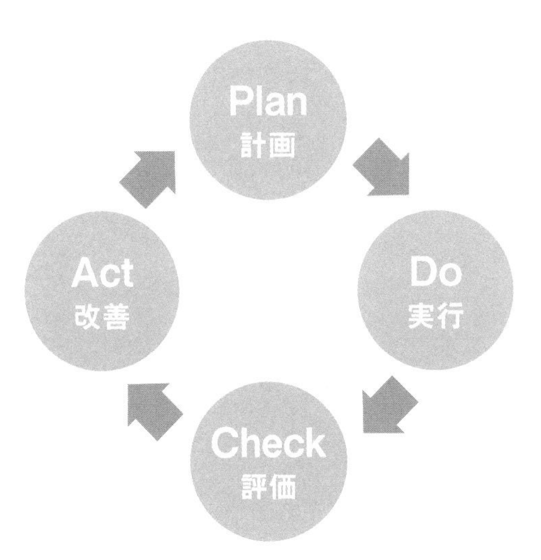

◆ 図5.2.1 PDCAサイクルを回す

5.3 情報セキュリティ対策とは?

情報セキュリティリスクをコントロールする手段

管理に続いて対策についての説明が続きます。

情報セキュリティ対策についてはどうなんでしょう？

情報セキュリティ対策とは、情報セキュリティリスクをコントロール（主にリスクを低減）する手段のことです。社員が守るべきルールの規定と順守、対策製品の導入と適切な運用、情報システムを開発・保守するにあたっての考慮事項などです。技術的なことはもちろん、人に対する人的な面や物理的・環境的な面など、幅広く考える必要があります（図 5.3.1）。

つまり、会社を取り巻く情報セキュリティリスクの中で一部分にセキュリティホールのような穴があると、そこがボトルネックになる。だから、広く全般的な対策が必要ということですか？

その通りです。あくまでもリスクに応じてなので、何でもかんでも強化すればいいというものではありません。全体として非常に弱いところがないよう（リスクの高いところを放置しないよう）にすることが重要です。

「鎖の強さは一番弱いつなぎ目で決まる」ということですね。いわゆる全体最適のような考え方だと理解しました（図 5.3.2）。

おおっ、すごい格言のようなお言葉、おみそれいたしました。

話を戻しますと、今回、リスクアセスメントの実施はどうするんですか？

情報セキュリティに関するコンサルティングは別途契約をお願いするとして、今回はテッパンとなりそうな対策をいくつか話すことに留めます。

わかりました。別途契約の件は、総務部長に相談しておきます。

技術的な対策（例）
・外部ネットワークとの接続制限
・利用者のアクセス制御
・マルウェア対策

人的な対策（例）
・雇用条件
・守秘義務、懲戒手続
・教育及び訓練、意識向上

物理的・環境的な対策（例）
・入退室管理
・ケーブル配線の保護
・デバイス機器の接続制限

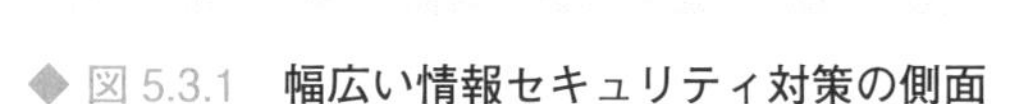

◆ 図 5.3.1　幅広い情報セキュリティ対策の側面

◆ 図 5.3.2　対策は全体最適がポイント

5.4 テッパン① マルウェア対策ソフト

マルウェア対策ソフトに加え、Microsoft Defender も

ここからは、テッパンとなる情報セキュリティ対策の説明に入ります。

テッパンの一つ目は、マルウェア対策ソフトです。以前は、ウイルス対策ソフトと呼ばれていたものです。今では当たり前のように導入されていると思いますが。

当社でも某メーカのマルウェア対策ソフトを使っています。僕が社員のパソコンを初期設定する際にインストールしているので、対策はバッチリです。

マルウェア対策ソフトのシグネチャ（パターンファイル）は、適切に更新されてますよね？

もちろん自動更新するよう設定しています。

ただし、（従来型の）マルウェア対策ソフトでは、シグネチャにマッチングしない未知のマルウェアなどを検知できないことも認識していますか？

いわゆる「ゼロデイ攻撃は防げない」といったことですよね。そのため大手企業では、パソコンの不審な挙動を検知するような、高機能の対策ソフトを導入していると聞いています。

かなり詳しいですね。EDR（Endpoint Detection and Response）を含め、次世代型マルウェア対策ソフトと呼ばれる製品の導入が増えているのは確かです。後で説明するゼロトラストネットワークでは、エンドポイント（末端）でのセキュリティ強化を重視しているため、これから勢いがさらに増すでしょう。

当社のような中小企業でも、導入等を考えるべき時期が来ているのかもしれません。

ちなみに、Windowsに標準搭載されている「Microsoft Defender（Windows Defender）」は、どうして使っていないんですか？

保護性能がイマイチな感じがあったので…。

確かにそういったイメージがありますが、実際はそんなことはないんです。AV-TEST（https://www.av-test.org/en/）などセキュリティソフト評価機関の情報を見ると、かなり評価が高くなってます（図5.4.1）。私も顧客の依頼で侵入テスト（ペネトレーションテスト）などを行った際に、著名な某社の製品には検知されなかったのに、Microsoft Defenderではしっかりガードされたこともあります。

最近、Microsoft Defenderの活用が増えているといった事例を聞いたことがあります。そうしたことを考慮してからなんですかね。勉強になりました。

出典）AV-TEST
https://www.av-test.org/en/antivirus/business-windows-client/

◆ 図5.4.1　AV-TESTによる評価

5.5 テッパン② パッチ管理

ワンオペ情シスには欠かせないパッチ管理ツール

続いてのテッパンであるパッチ管理について説明が続きます。

テッパンの二つ目はパッチ管理、Windows 等の OS や、アプリケーションソフト、機器のファームウェアなどのアップデートに関することです。まずは、サーバーやパソコンの OS に対する状況から聞かせてもらえますか？

社員が使っているパソコンは、初期に Windows Update により自動更新する設定をしています。サーバーは、OS の上で動作しているシステム（基幹システム等）への影響も考えられるので、関係するベンダーに確認を取ってから、必要に応じて手動で更新しています。

なるほど。では、アプリケーションソフトはどうですか？

オフィス系のソフトは、定期的に最新バージョンへ更新するライセンス契約を使っています。あと、各部門の固有業務に必要なソフトウェアがいくつかあるんですが、僕のほうで管理してないので状況を把握できていません。このあたりは、今後の課題ですね。

ファイアウォールのファームウェアはどうしていますか？

ベンダーに初期設定してもらってから全く触っていないので、もしかしたら脆弱性が残ったままかもしれません。

それはちょっとまずいですね……。後で一緒に確認してみましょう。

ありがとうございます。一時期、パッチ管理ツールの導入を検討していた

のですが、費用面も含めてハードルが高そうだったので諦めました。

最近のパッチ管理ツールには、クラウド版で中小企業に手が届く価格帯のものもあります。また、クラウド版だとテレワーク環境下でも社内と同じように管理が可能です。

そうなんですね。実は何年か前に、たまたまWindows Updateが止まっているパソコンを何台か見つけたことがあったんです。パッチ管理ツールだと、ダッシュボード画面等で更新状況が一覧確認できるから便利ですよね。

主要なマルウェア対策ソフトやAdobe製品、Javaランタイムなどのサードパーティアプリのアップデート管理や配布も可能です。パッチ管理ツールって、ワンオペ情シスには欠かせないツールなのかもしれないですね(図5.5.1)。

パッチ管理ツール、ますます魅力的に見えます！

パソコン等をスキャンして
欠落パッチを検出

パッチ配布前の
テストを実施

OSおよびアプリのパッチを
自動配布

欠落パッチ等の
一覧レポート

◆ 図5.5.1　パッチ管理ツールの機能例

5.6 テッパン③ 認証

クラウドベースの認証サービスも視野に

次のテッパン、認証についての説明に入ります。

テッパンの三つ目は、認証です。一番わかりやすいのが、パソコンへログインする際にユーザー名とパスワードを入力し、適切な利用者かどうかを検証することです。

実は、当社の認証を司るAD（Active Directory）は、ファイルサーバーと同じサーバー上にサービスを立ち上げているんです。今のところ、特に支障等はないのですが……。

中小企業ではよくあることです。そんなにサーバーをいっぱい立てられないですからね。ただ、今後、自社のファイルサーバーからパブリッククラウドのストレージサービス等へ移行するようなタイミングがあれば、クラウドベースの認証サービスを利用するのがベターかもしれません。シングルサインオンの機能により、1回の認証で複数のクラウドサービスが利用できたりします。

そのあたり、気になっていました。今後、おそらく当社でもクラウド化は進むと思うので、利用者の認証が煩雑になると困ります。

ここで少し踏み込んでおきたいのが、二段階認証や二要素認証といったことです。ゼロトラストネットワークの流れによるエンドポイント強化にも関係が深いので。

二段階認証とは、例えば認証コードを登録メールに送り、認証を1段階増やすようなことですよね。二要素認証とは、ID・パスワードのような知識要素に加えて、顔や指紋（生体要素）などの別要素で認証することだと理

解しています。

さすが！ 今までの認証強化とは、とにかくパスワードに複雑性を持たせ、定期的に変更することばかりを強調してました。しかし、利用者の運用負担が重くなるため、どこかにパスワードをメモするなど、逆にセキュリティを弱める面が危惧されています。

近年、中小企業向けの情報セキュリティ対策として提唱されている内容に、長めのパスワードを用いる反面、定期的なパスワード変更は止めるような記載がありました。当社でも、すでに定期的なパスワード変更は止めて、パスワードの長さを8桁以上から10桁以上へ増やしています。

情報セキュリティ対策がきちんと進んでいるようですね。正直、驚いています。話を戻すと、クラウドベースの認証サービスって、多要素認証等の機能がとても充実してます。また、AIにより怪しいログインを検知するような機能もあったりするんです。

そのような認証機能の場合、利用者の負担はどうなんですか？

例えば、会社貸与のスマートフォンを使ったSMS認証やアプリ認証などの所有要素を加えるだけなら、そう大きな負担にならないと思いますよ。

知識要素

ID・パスワード、PINコード、秘密の質問など

所有要素

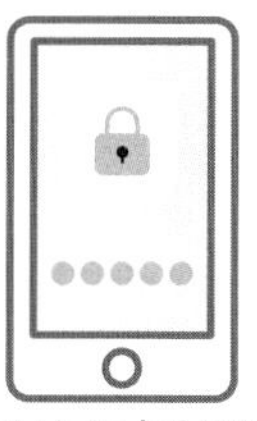

スマートフォンによるSMS認証やアプリ認証、ICカード、トークン（ワンタイムパスワード）など

生体要素

顔や指紋、虹彩、声紋、静脈など

◆ 図 5.6.1　**多要素認証の要素**

5.7 テッパン④ アクセス制御

情報セキュリティにも5Sの考え方が必要

四つ目のテッパンとして、アクセス制御の説明が続きます。

テッパンの四つ目はアクセス制御、例えば、重要なファイルを取り扱う利用者を制限することです。まず、ファイルサーバーのフォルダに関するアクセス権がどのように管理されているのか、教えていただけますか？

当社では、まず部門ごとにルートのフォルダを分けて、部門のロールによる権限を付与しています。その配下のフォルダについては、各部門にフォルダ管理者を決めて管理を任せています。部門間で共有が必要なファイルは、その目的に応じてフォルダを作成し、アクセス権限を付与するという運用です。

なるほど。現実的な管理って感じがします。今のところ、それで問題などないですか？

そうですね……。ちょっと話は逸れますが、フォルダ内のファイルがごちゃついていて、必要なものがすぐに見つからなかったり、不要と思われるものが残っていたり、かなり気になっているんです。

ちなみに、5S（整理・整頓・清掃・清潔・躾）は知っていますか？

もちろん。工場の現場では、これでもかって感じで5Sに取り組んでいますから。

情報セキュリティにもそうした活動が重要なんです。国際標準のISMSでは、「クリアデスク・クリアスクリーン方針」という整理整頓のような対策の要件があります。情報が乱雑に放置されると取り扱いを誤ったり、漏

洩につながったり、リスクが高まりますからね。

情報セキュリティを高めるためにも、当社では5S活動のように、フォルダ内のファイルを整理する必要がありそうです。

話を戻すと、各種システムやサーバー、パソコンの管理者権限はどうなってますか？

各種システムは、対象の業務を所管する部門で管理者を決めています。サーバーは、僕だけが管理者権限を持っている状況です。社員のパソコンには、各部門の業務で必要なアプリケーションをインストールすることがあります。よって、利用者権限に限定したいところなんですけど、現状は管理者権限を与えています。これも今後の課題ですね。

先ほど話したクラウドベースの認証サービスだと、条件付きアクセスといって、場所（社内、外出先等）やデバイス（PC、スマフォ等）、利用アプリといった各種条件を設定することで、細かなアクセス制御が行えたりします（図5.7.1）。

これから当社もクラウドベースの環境へ変わっていくと思うので、いろいろ検討が必要になりますね。

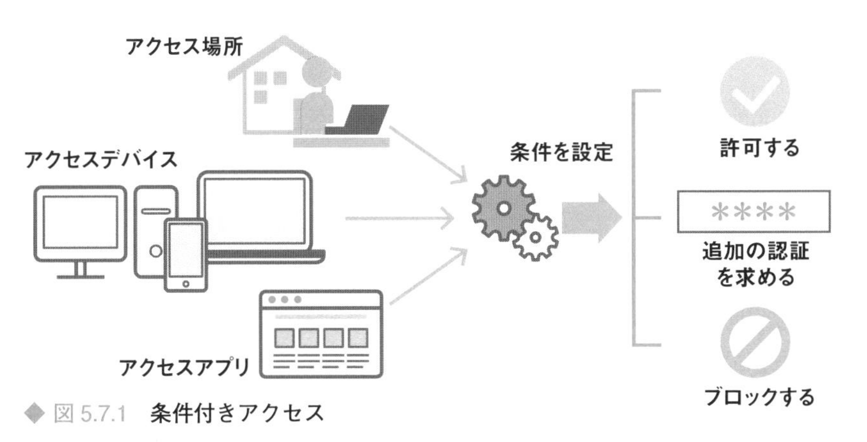

◆ 図5.7.1　条件付きアクセス

5.8 テッパン⑤ バックアップ

クラウドへの移行も視野に

五つ目、最後のテッパンはバックアップです。

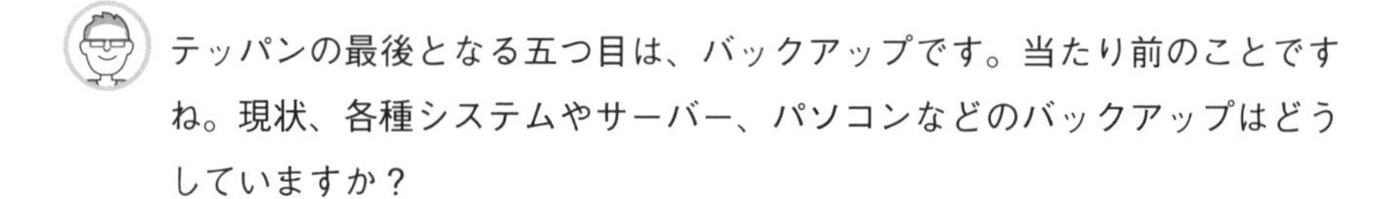

テッパンの最後となる五つ目は、バックアップです。当たり前のことですね。現状、各種システムやサーバー、パソコンなどのバックアップはどうしていますか？

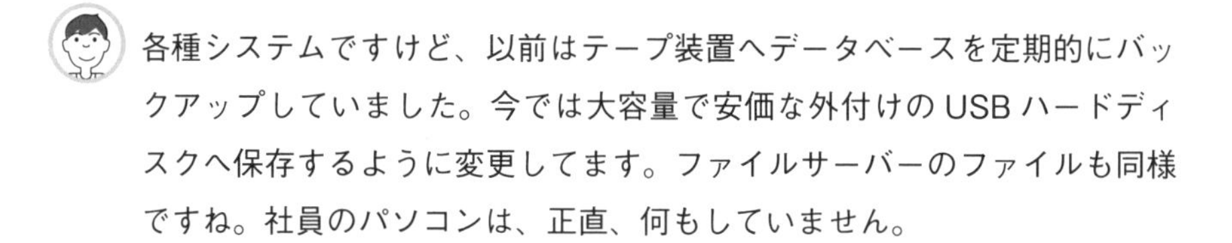

各種システムですけど、以前はテープ装置へデータベースを定期的にバックアップしていました。今では大容量で安価な外付けのUSBハードディスクへ保存するように変更してます。ファイルサーバーのファイルも同様ですね。社員のパソコンは、正直、何もしていません。

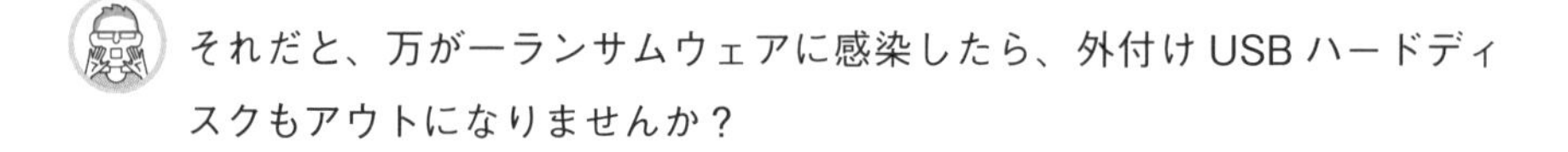

それだと、万が一ランサムウェアに感染したら、外付けUSBハードディスクもアウトになりませんか？

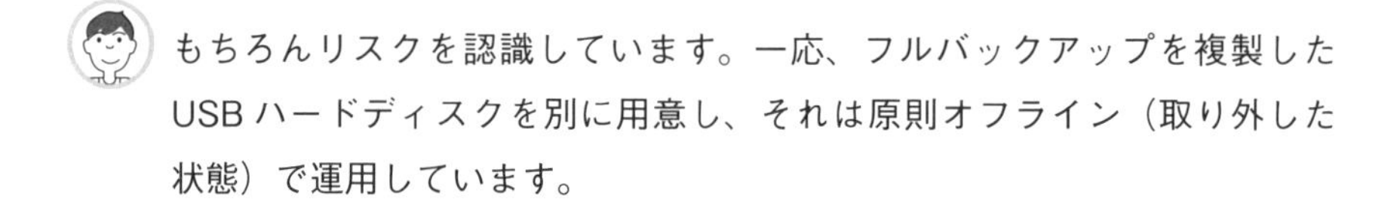

もちろんリスクを認識しています。一応、フルバックアップを複製したUSBハードディスクを別に用意し、それは原則オフライン（取り外した状態）で運用しています。

なるほど。バックアップから復元テストをしたことはありますか？

ありませんというか、とても怖くてできません。実際に復元テストまで実施している企業なんてあるんですか？

中小企業では少ないかもしれませんね。システムの重要性にもよるので、大手でも実施してない企業は多いはずです。ただ、机上レベルで復元手順を再確認したり、適切にバックアップ媒体が読めるかのテストをしたりしている企業は少なくありません。

そうなんですね。実はバックアップからの復元手順は、僕の頭にあるだけです。やはり、ドキュメント（手順書）にまとめておかないとまずいですね。

あと、社員のパソコンですけど、重要なデータファイルを手元（ローカルディスク）に保存している、ということはありませんか？

鋭いご指摘です。それが結構あるんです。それもデスクトップ上に（図5.8.1）。仮に手元にデータファイルを置いて作業したとしても、業務終了時にはファイルサーバーへ移すようお願いしているんですが……。

どこの会社でもよくあることですけど、テレワークの環境下では情報をより手元に置く傾向があるので、注意が必要です。

あと、バックアップに関係するところだと、BCP（事業継続計画）への対応もあるので、いち早くサーバーをクラウド環境へ移行したいですね。

◆ 図 5.8.1　デスクトップ上に重要ファイルを保存するのは危険

5.9 情報セキュリティポリシーとは?

IPA の資料も参考に

テッパン話が終わったので、次に、イメージしにくい情報セキュリティポリシーについて説明します。

テッパンの話が終わったところで、ちょっと聞いてみたいことがあります。「情報セキュリティポリシー」のイメージはどんなものですか？

どんなイメージ？ と聞かれても答えに困りますけど……。正直、情報セキュリティに関する方針なのか、情報セキュリティのルールなのか、よくわかりません。

そうですよね。曖昧なところがあって、企業によって認識が異なることも多いんです。

結局、どういうものなんですか？

私の認識では、いわゆる情報セキュリティの管理や対策に関する内規のこと。例えば、「情報セキュリティ管理規程」や「情報セキュリティ対策基準」といったドキュメントが該当します。

イメージできました。実は総務部長から、そのようなドキュメント類を整備してほしいと言われています。主要な取引先から、情報セキュリティに関する社内規定の整備を求められているようなんです。現状は、「情報システム管理規程」の中で、若干セキュリティに触れているだけなので……。

そういえば、先ほどパスワードの話をしたときに、「中小企業向けの情報セキュリティ対策として提唱されている内容に……」とおっしゃっていましたけど、もしかしてIPA（独立行政法人 情報処理推進機構）が公表し

ている「中小企業の情報セキュリティガイドライン」（図 5.9.1 の①）のことでしょうか？

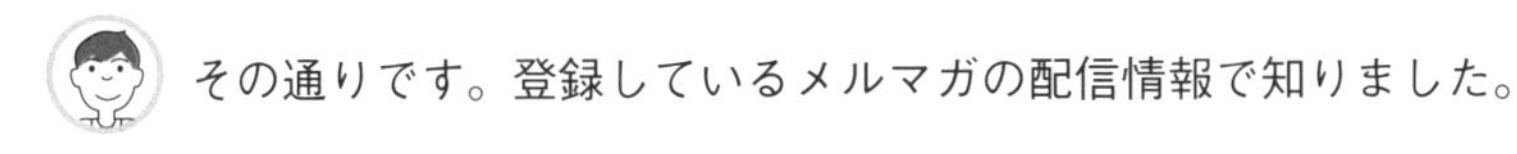

その通りです。登録しているメルマガの配信情報で知りました。

そのWebサイトに「情報セキュリティ関連規程（サンプル）」（図 5.9.1 の②）という、編集可能なドキュメントが公開されているのも知っています？

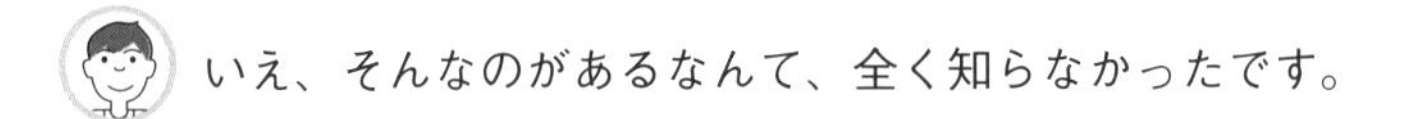

いえ、そんなのがあるなんて、全く知らなかったです。

実はこれ、よくまとまっていて、私も顧客へコンサルティングする際に参考にすることが多いんです。

本当ですか？ 後でドキュメントの内容を確認してみます。

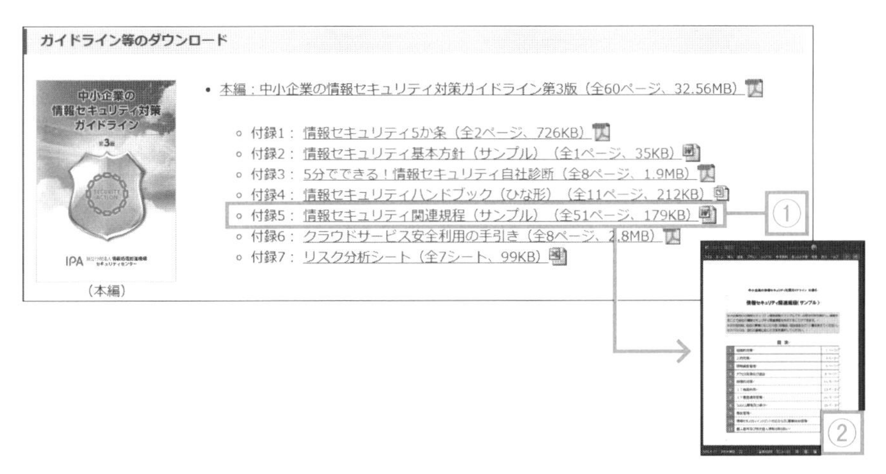

出典）『中小企業の情報セキュリティ対策ガイドライン』IPA（独立行政法人 情報処理推進機構）

https://www.ipa.go.jp/security/keihatsu/sme/guideline/

◆ 図 5.9.1　**中小企業の情報セキュリティ対策ガイドライン**

5.10 ゼロトラストネットワークとは

境界防御とゼロトラストネットワークの違い

これまで何度か登場しているゼロトラストネットワーク。いよいよこのタイミングで説明が始まります。

そろそろゼロトラストネットワークについて語ろうと思いますけど、どうですか？

ぜひお願いします！（もう待ちくたびれました……）

わかりました。大手企業では、もともと外出先からのリモートアクセスやテレワークの実証実験などで、VPNの接続環境を整備している会社が少なくありませんでした。そこにコロナ禍の影響で、想定以上の社員がテレワークでVPNを使い出すことに。VPNのキャパシティがオーバーして「VPN渋滞」を引き起こすことになったわけです。

VPNがボトルネックになる、という話ですね。

そうした中、グーグルなどが先行して取り組んでいたゼロトラストネットワークが一気に注目されました。一般的に、企業の社内ネットワークは安全を前提にしていて、危険を伴う外部ネットワークとの境界を防御する方針に基づいてました。いわゆる「境界防御」という考えですね。

わかります。当社でも、一応そうなっていますし……。

ゼロトラストネットワークでは社内／社外など関係なく、あらゆるネットワークは危険を伴う（信頼できない）ことを前提にする考えなんです。

もう一つイメージがつきません。

境界防御の考えでは、何らかの手口で一旦社内ネットワークに入り込まれると、攻撃等から守ることが難しいです。「社内は安全」を前提にしていますから。

ゼロトラストネットワークでは、ネットワークの途中はすべて「危険」を前提にしているため、境界で守るのではなく「末端同士で守る」ことになります。つまり、パソコンの端末側とサーバーのアプリケーション側でのセキュリティ対策を強化するという方針なんです（図 5.10.1）。

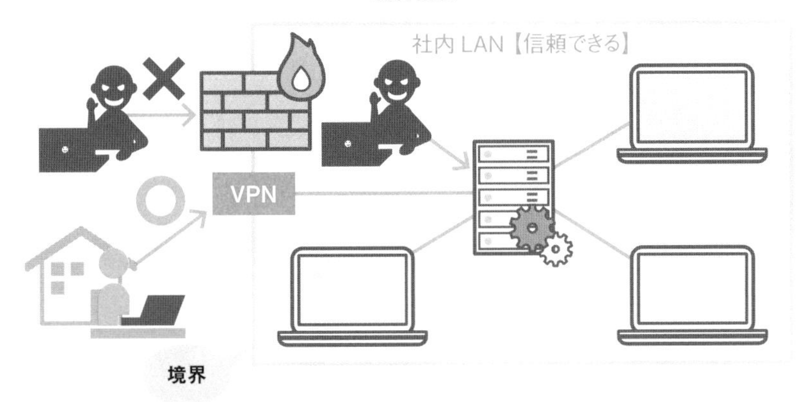

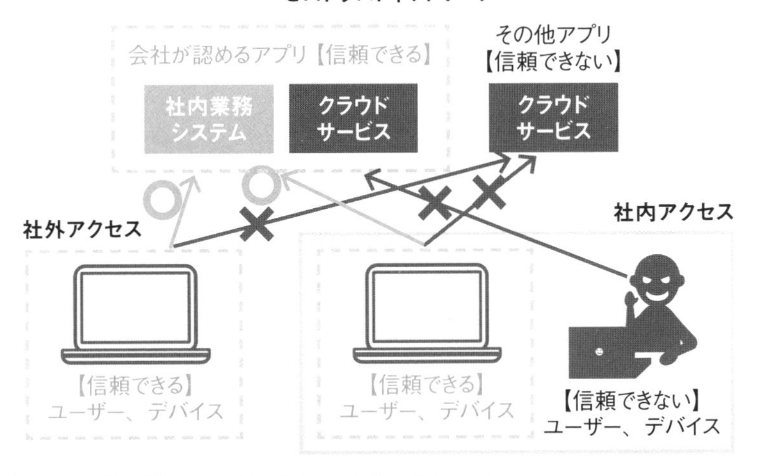

◆ 図 5.10.1　境界防御 vs ゼロトラストネットワーク

5.11 ゼロトラストネットワークは脱 VPN を目指すもの?

末端で分散して対策を強化

ゼロトラストネットワークの説明が続きます。

境界防御では、境界の関所で集中して対策を強化します。ゼロトラストネットワークでは、末端で分散して対策を強化するイメージですね。

イメージとしてはそんな感じです。背景として、いろいろなデバイス機器やネットワーク形態が次々と生まれてくる中、すべてを境界一辺倒のような考えで守るのが難しくなったということです。

そういう背景もあって、ゼロトラストネットワークでは社内ネットワークとの境界に VPN などがないため、「脱 VPN」のように呼ばれているんですか？

そうそう。そこだけ注目されてしまった感があります。ゼロトラストネットワークでは VPN が不要なことがあるというだけで、そもそも VPN をなくすためのものではないんですが。

もう少し具体的に、境界防御ではないネットワーク（ゼロトラストネットワーク）の構成を教えてもらえますか？

わかりました。あくまでも例ですが、こんな構成になります（図 5.11.1）。

うわーっ！ クラウド前提で、難しそうな 3 文字略語が満載ですね〜。

ゼロトラストネットワークって、まだまだ未完成というか、これから進化していくものだと思います。これが完成形とは思わないでほしいです……。

わかりました。ただ、この図の構成要素の意味合いは、少し知っておきたいです。

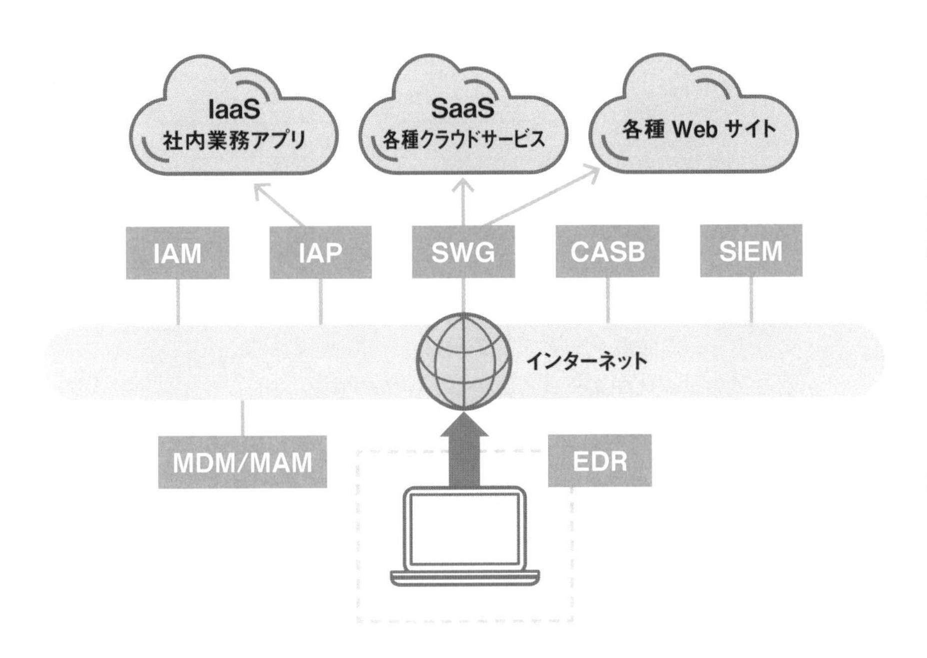

IAM：Identity and Access Management　アイデンティティー&アクセス管理
IAP：Identity-Aware Proxy　アイデンティティー認識型プロキシー
SWG：Secure Web Gateway　セキュア Web ゲートウェイ
CASB：Cloud Access Security Broker　クラウド・アクセス・セキュリティ・ブローカー
SIEM：Security Information and Event Management　セキュリティ情報イベント管理
MDM：Mobile Device Management　モバイルデバイス管理
MAM：Mobile Application Management　モバイルアプリケーション管理
EDR：Endpoint Detection and Response　エンドポイント・ディテクション&レスポンス

◆ 図 5.11.1　ゼロトラストネットワークの構成（例）

5.12 ゼロトラストネットワークの構成要素

主な構成要素は七つ

理本さんのリクエストに応じて、ゼロトラストネットワークの構成要素について説明が続きます。

ゼロトラストを構成する上での基本要素として、

・ネットワーク防御からアプリケーション防御への転換

・クライアント端末（デバイス機器）保護の強化

・あらゆるログの監視と分析

などを頭に入れながら、先ほどの３文字略語をそれぞれ説明すると……。

あの〜、話の途中で割り込んですみません。後で時間のあるときに振り返りたいので、箇条書きにでもまとめていただけるとうれしいです。

わかりました。じゃあ、追って概略メモをメールしておきます（次に示す内容）。

IAM（アイデンティティー＆アクセス管理）

ユーザーの認証や、アプリケーション・データに対するアクセスの認可を司る。ゼロトラストネットワークの入り口を守る門番であり、ユーザー情報の集約センターでもある。多段階認証や多要素認証はもちろんのこと、アクセス元の場所や移動間隔などの情報からリスクを評価する「リスクベース認証」といった機能を持つものがある。

IAP（アイデンティティー認識型プロキシー）

各アプリケーションに対するアクセス制御を行うとともに、オンプレミスの社内システムをインターネット（社外）から利用可能にする仕組みを持つ。ゼロトラストネットワークにおいては、ネットワークの境界防御ではなく、末端のアプリケーションを保護するコア機能となる。

SWG（セキュアWebゲートウェイ）

ユーザーのインターネット通信をチェックし、不審なWebサイトへのアクセスや、問題のあるファイル・スクリプトのダウンロードなどを防ぐ。ゼロトラストネットワークにおけるユーザー保護の要となる。

CASB（クラウド・アクセス・セキュリティ・ブローカー）

SaaSの利用状況を可視化し、適切な利用制御とセキュリティ保護の役割を担う。ルール違反となるデータへのアクセスや、情報漏洩リスクの高いSaaSへのアクセスをブロックする。

SIEM（セキュリティ情報イベント管理）

各種ログの内容をAIで分析し、サイバー攻撃や内部不正の兆候を発見。ゼロトラストネットワークにおいて、システムの保護に欠かせない仕組みを提供する。従来型のオンプレミス版では、コスト面等から導入をためらうことも多かったが、クラウドサービスではそのハードルが下がっている。

MDM/MAM（モバイルデバイス管理／モバイルアプリケーション管理）

パソコンだけでなく、スマートフォンやタブレットなどのクライアント端末を管理する仕組み。端末上で動作するアプリケーションの管理を併せ持つものがある。①IT資産管理、②端末の初期設定や業務アプリの配布、③接続デバイスのアクセス制御、④遠隔からの端末ロックやワイプ（消去）等の機能を提供する。

EDR（エンドポイント・ディテクション＆レスポンス）

マルウェアの感染をいち早く検知し、被害拡散の前に封じ込めなどを行う次世代型のセキュリティ対策ソフトのこと。一般的に、従来型のマルウェア対策ソフトと併用することが多い。端末をモニタリングし、攻撃が想定される不信な動作を検知するとともに、感染が疑われる端末の通信を遠隔から遮断したり、端末で不正動作するプロセスを停止したりする。

5.13 ゼロトラストネットワークは大企業が対象？

今後、中小企業も検討が必要に

そもそもゼロトラストネットワークは、中小企業にとって目指すべきものなのでしょうか？ 話は続きます。

ゼロトラストネットワークの説明を聞くと、かなり大掛かりなシステム・ネットワークが必要に感じました。中小企業が目指すべき方向性になるんでしょうか？

このような新しい動向は、一般的には投資意欲が旺盛な大手企業の課題を解決するために注目されることが多いです。例えば、（繰り返しにはなりますけど）次のようなことからです（図 5.13.1）。

・社外からのネットワーク接続が急増
・VPN やファイアウォール（境界装置）等への負荷が増大
・社内（境界内）ネットワークの脅威に無防備な現状

それについては中小企業も無関係とは言えないですね。今後その傾向は強くなると思いますし……。

現時点ではコスト負担等を含めて、中小企業によるゼロトラストネットワークの導入が難しいのは事実だと思います。ですが、日本の企業の 99% 以上が中小企業という実態を考えると、中小企業の情報セキュリティを守ることはとても重要です。また、そうした大きい市場があるので、今後、中小企業をターゲットにした（安価で利用が容易な）製品・サービス等が増えてくるのは間違いないでしょう。

えーっ、99% 以上が中小企業？ それ、本当ですか？

本当です。中小企業基本法に基づいて政府が毎年国会に提出する「中小企業白書」に書いてありますから。日本の経済をよくするには、中小企業に頑張ってもらう必要があります。

中小企業診断士でもある照和さんにとって、中小企業の支援はとても重要な役割なんですね。当社にとっても、クラウドサービスの利用や社外ネットワークからのアクセスが増えるのは間違いないので、やはりゼロトラストネットワークの動向を踏まえながら、今後、検討していきたいです。

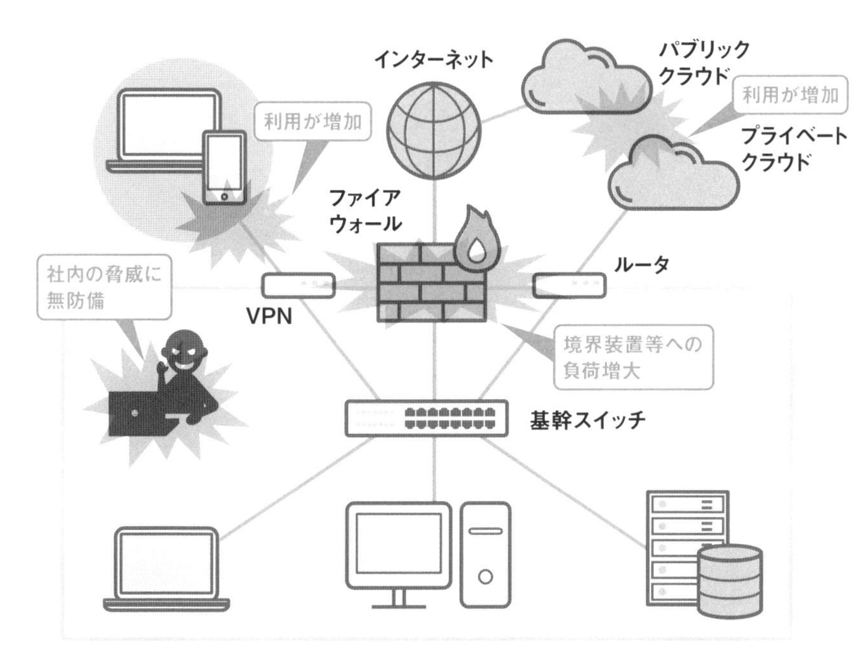

◆ 図 5.13.1　ゼロトラストネットワークの背景

テレワークに関しての労務管理

本書では深く触れませんでしたが、実際にテレワークを導入するにあたっては、労使（労働者と使用者）間での協議が必要になるなど、労務管理に関わる課題も少なくありません。

ここで参考となるのが、厚生労働省が公表している「テレワークの適切な導入及び実施の推進のためのガイドライン」です（図1）。例えば、次のようなポイントや留意点をわかりやすく解説しています。

・テレワークの対象業務や対象者を選定する際の留意点
・テレワークにおける人事評価制度のポイント
・就業規則整備のポイント
・テレワークにおける労働時間管理の考え方
・自宅等でテレワークを行う際のメンタルヘルス対策の留意点
・テレワークにおける労働災害の補償
・テレワークの際のハラスメントへの対応

テレワークを活用する企業、労働者の皆さまへ　厚生労働省

テレワークの

適切な導入及び
実施の推進のための
ガイドライン

出典）『テレワークの適切な導入及び実施の推進のためのガイドライン』厚生労働省
https://www.mhlw.go.jp/content/000828987.pdf

◆ 図1　テレワークの適切な導入及び実施の推進のためのガイドラインパンフレット

第6章

VPNのトラブル対応

6.1 VPN接続でエラーが発生！

ときどき起こるアクセス障害

トラブルで厄介なのは、症状が出たり収まったりして、原因の追究が難しい場合です。ここでは、そんなトラブルに対してどのように対処していくのか、理本さんと照和さんの会話を見ていきましょう。

VPNを使ったテレワークを運用し始めてから、約3カ月が経ちました。社員もずいぶん慣れてきたようです。

それは何よりです。

ただ、最近少し困ったことが起こっていまして……。

いったいどういう状況なのでしょう？

いつ起こるかはわからないのですが、起こるとしばらく続く、困った事象があります。VPNに接続すると、①「VPN上のDHCPサーバーからIPアドレスを取得中…」のメッセージがかなり長めに表示され、通常通り、SoftEther VPNクライアント接続マネージャで②「接続完了」の状態になります（図6.1.1）。

それで、あたかも正常にVPN接続できたように見えるとか？

そうなんです。でも、ファイルサーバーにアクセスすると「ネットワークエラー」のメッセージボックスが表示されて、アクセスできません（図6.1.2）。

それはちょっと厄介な感じがしますね。

◆ 図 6.1.1　VPN で正常に接続しているように見える？

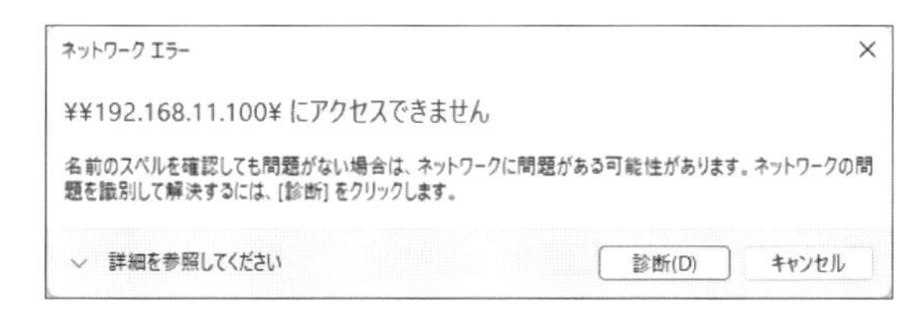

◆ 図 6.1.2　ネットワークエラーのメッセージボックス

6.2 障害状況を切り分ける

アクセス障害の詳細

理本さんの、厄介そうなトラブルの状況説明が続きます。

僕自身に起こったことはないのですが、トラブルに遭った社員の話では、その時、ネットワークが異常に遅かった気がすると言っているんです。

インターネットへのアクセスですか？

Web ブラウザでのインターネットサイトの表示や、検索エンジンでのレスポンスだと思うんですが……。

つまり、はっきりしたことはわからないのですね。それで発生すると、復旧はどうなります？

VPN の接続／切断を何度も繰り返していると、通常通りアクセスできるようになるらしいです。社員によっては、パソコンを再起動したら復旧したといった話もありますが、再起動してもダメなことが多いようです。

なるほど。トラブルの発生は、特定の社員に限られるとか？

今のところ、なんとも言えません。発生頻度もそう多くないので。

まずはトラブルが起こった際に、障害状況を切り分けしないといけませんね。

クライアント側の問題なのか、サーバー側の問題なのか、インターネットの問題なのか、社内 LAN の問題なのか、そんな切り口でしょうか？

そうですそうです。トラブルが発生した際に誰が何をどのように調べるのか、切り分けのための確認事項を洗い出してみましょう（図 6.2.1）。

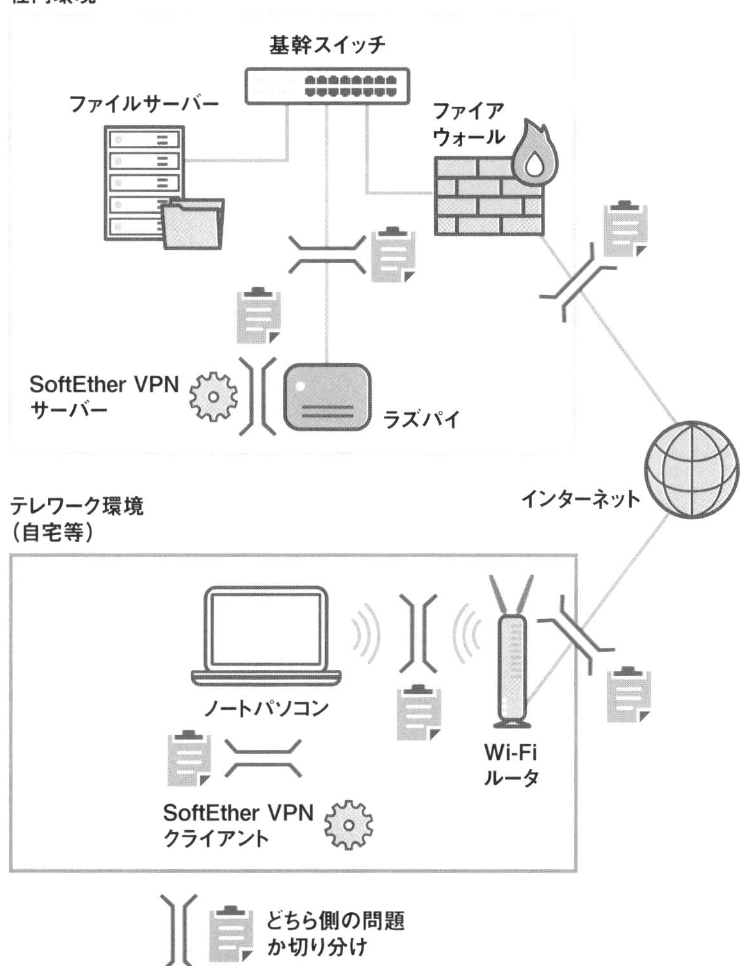

◆ 図 6.2.1　トラブルの切り分けポイント

6.3 クライアント側を確認する①

ipconfig コマンドで IP アドレスを確認

トラブルの状況を切り分けるために、クライアント側からの確認が始まります。

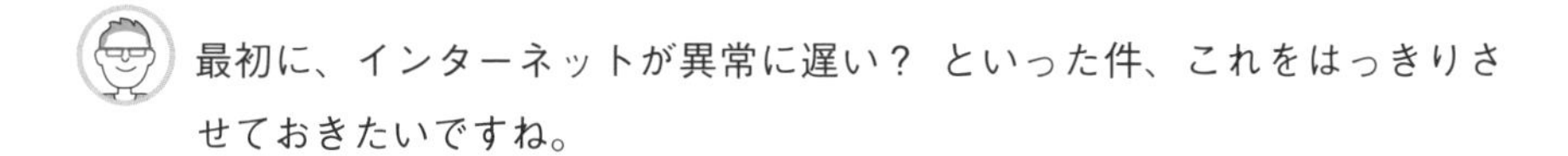

最初に、インターネットが異常に遅い？ といった件、これをはっきりさせておきたいですね。

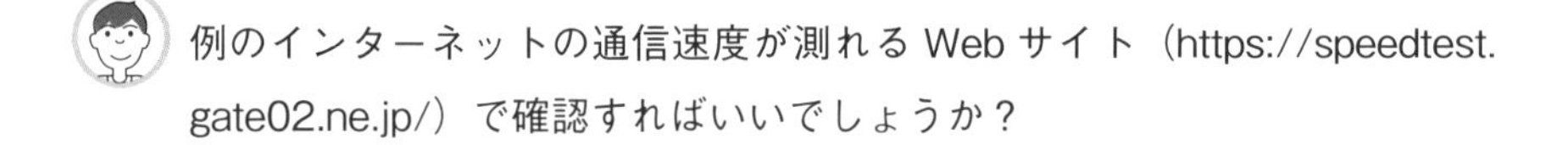

例のインターネットの通信速度が測れる Web サイト（https://speedtest.gate02.ne.jp/）で確認すればいいでしょうか？

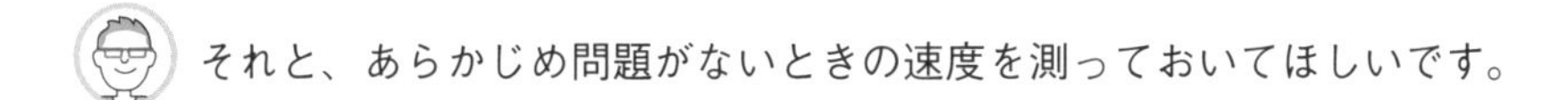

それと、あらかじめ問題がないときの速度を測っておいてほしいです。

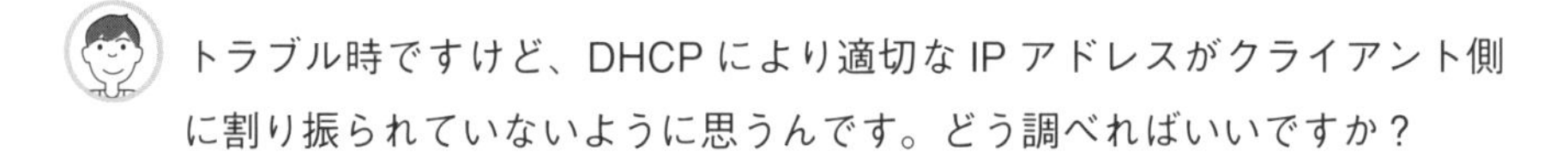

トラブル時ですけど、DHCP により適切な IP アドレスがクライアント側に割り振られていないように思うんです。どう調べればいいですか？

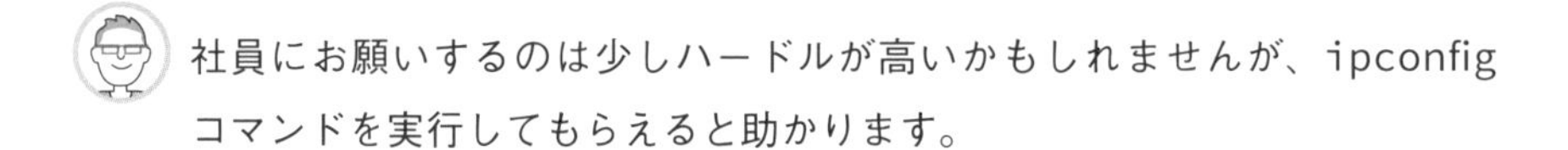

社員にお願いするのは少しハードルが高いかもしれませんが、ipconfig コマンドを実行してもらえると助かります。

Windows の①「検索」メニューから②「コマンド」と入力して、③「コマンド プロンプト」を選ぶ（図 6.3.1）。ターミナル画面が立ち上がったら、④「ipconfig」と入力して Enter キーを押す、ですよね（図 6.3.2）。

その通りです。

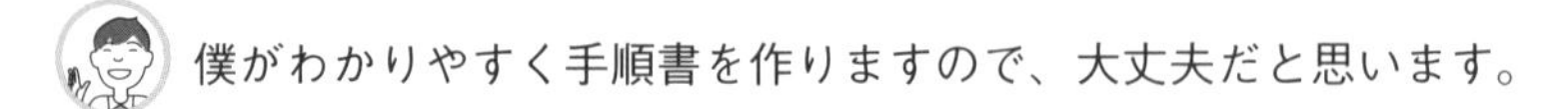

僕がわかりやすく手順書を作りますので、大丈夫だと思います。

もしも、リンクローカルアドレス⑤「169.254.0.0/16」が割り当てられていれば、DHCP サーバーからの IP アドレス割り当てが失敗しているはずです。

◆ 図 6.3.1　コマンド プロンプトを検索する

```
C:¥>ipconfig

Windows IP 構成


不明なアダプター VPN - VPN Client:

   接続固有の DNS サフィックス . . . . . :
   リンクローカル IPv6 アドレス . . . . .: fe80::923a:4be8:6545:3432%15
   自動構成 IPv4 アドレス . . . . . . . .: 169.254.220.86
   サブネット マスク . . . . . . . . . .: 255.255.0.0
   デフォルト ゲートウェイ . . . . . . . :

イーサネット アダプター イーサネット:

   メディアの状態 . . . . . . . . . . . : メディアは接続されていません
   接続固有の DNS サフィックス . . . . . :

イーサネット アダプター VirtualBox Host-Only Network:

   接続固有の DNS サフィックス . . . . . :
   リンクローカル IPv6 アドレス . . . . .: fe80::387f:a14b:c5b0:ec5b%10
   IPv4 アドレス . . . . . . . . . . . .: 192.168.100.1
   サブネット マスク . . . . . . . . . .: 255.255.255.0
   デフォルト ゲートウェイ . . . . . . . :
```

◆ 図 6.3.2　ipconfig コマンドの実行

6.4 クライアント側を確認する②

リンクローカルアドレスになっていた場合

理本さんによるクライアント側の確認が続きます。

そのリンクローカルアドレスって何ですか？

プライベートIPアドレスのようにあらかじめ予約されているIPアドレスで、その名の通り、ローカルセグメントだけで用いられるアドレスです。DHCPサーバーに問い合わせし、割り当てするIPアドレスの返答がない場合に、このアドレスを使う仕様になっているんです。

なるほど、そういうことですか。では、リンクローカルアドレスになっていた場合、クライアント側で次に確認することはありますか？

ううん……。一応、固定でIPアドレスを割り当てて、ファイルサーバーにアクセスできるか確認したいですね。

SoftEther VPNクライアント接続マネージャを⑥「オフライン」して、⑦「VPN」のLANカードをマウスで右クリックし、⑧「Windows ネットワーク接続の設定 ...」を選ぶ（図6.4.1）。

ネットワーク接続のダイアログが開いたら、⑨「VPN - VPN Client」をマウスで右クリックし、⑩「プロパティ」を選ぶ。VPN Clientのプロパティで、⑪「インターネット プロトコル バージョン4(TCP/IPv4)」をさらに選び、⑫「プロパティ」ボタンをクリック。

プロパティのダイアログが開いたら、⑬「次のIPアドレスを使う」を選んで、⑭IPアドレスは「192.168.30.200」のようなDHCPに未割当だろう値にする。後は、⑮⑯「OK」ボタンをクリックして設定を反映。

これもわかりやすく手順書にしておきます。

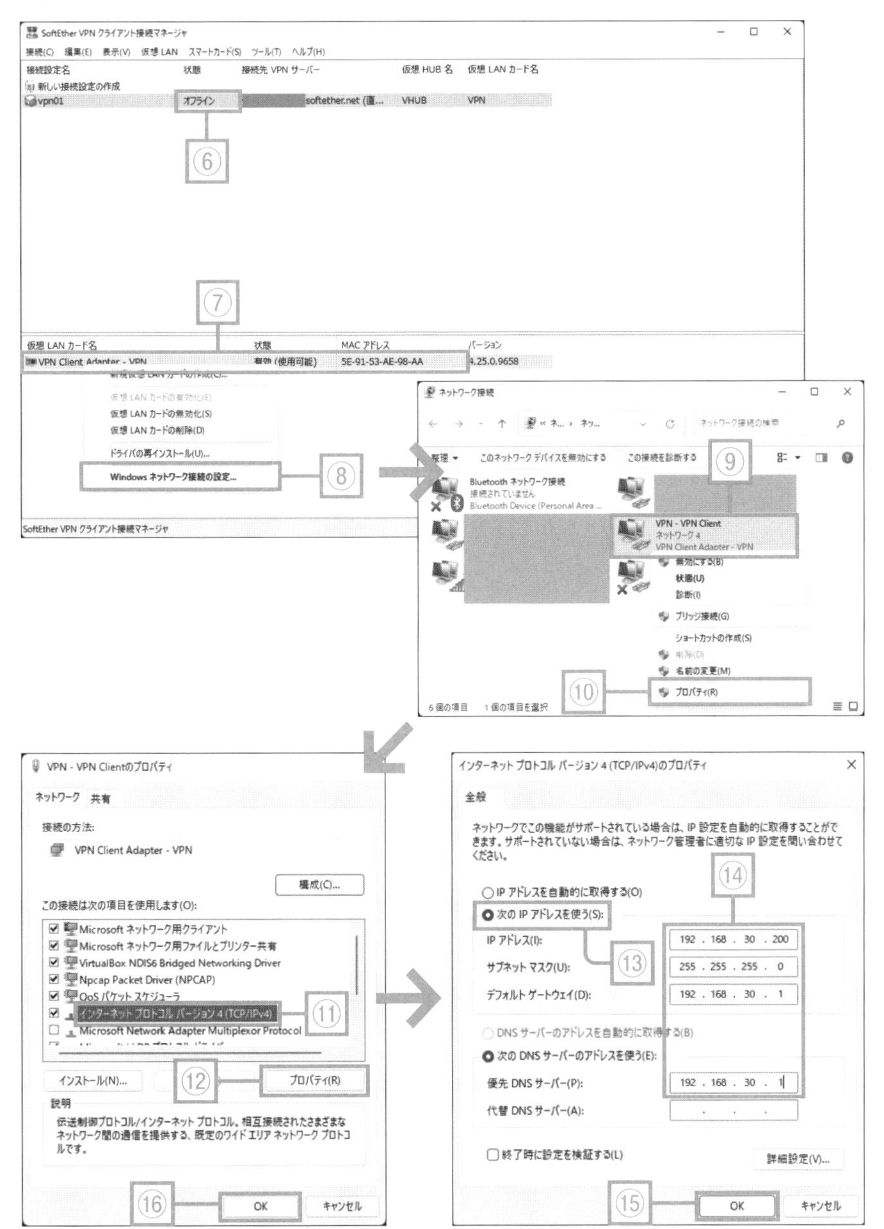

◆ 図 6.4.1 固定で IP アドレスを設定

6.5 サーバー側を確認する①

サーバー側の基本的な確認手順

今度はサーバー側を確認していきます。

クライアントのインターネットアクセスが特に遅くなく、固定のIPアドレスを割り当ててアクセスできるのなら、問題はサーバー側かもしれません。

トラブル発生の連絡をもらったら、まずは社内のパソコンからインターネットの通信速度が測れるWebサイトで、社内LAN側を確認してみます。僕が出社していないときは、社内にいる誰かに依頼します。

一応、VPNサーバーでDHCPサーバーの設定を確認しておきましょうか。特に変わっていることはないと思いますけど……。

SoftEther VPN Server Managerから設定を確認しますね。①SecureNAT機能は有効になっています。②仮想DHCPサーバーの設定も変わっていません（図6.5.1）。

後は、ラズパイの動作が重たくなっていないか確認しておきたいですね。パソコン等と比べて、熱暴走の可能性もあるので。

すでにラズパイ本体からディスプレイとキーボード、マウスを外しています。リモートデスクトップとかで接続できますか？

追ってインストール方法等は説明するとして、ラズパイのセットアップで「SSHを有効化する」にしたので、ネットワーク経由でターミナル接続ができます。ターミナルからの操作で、Windowsのリモートデスクトップのような接続環境を追加で設定しましょう（図6.5.2）。

リモートデスクトップで接続して、さくさく画面操作ができればサーバー側の負荷は問題ないと思われます。

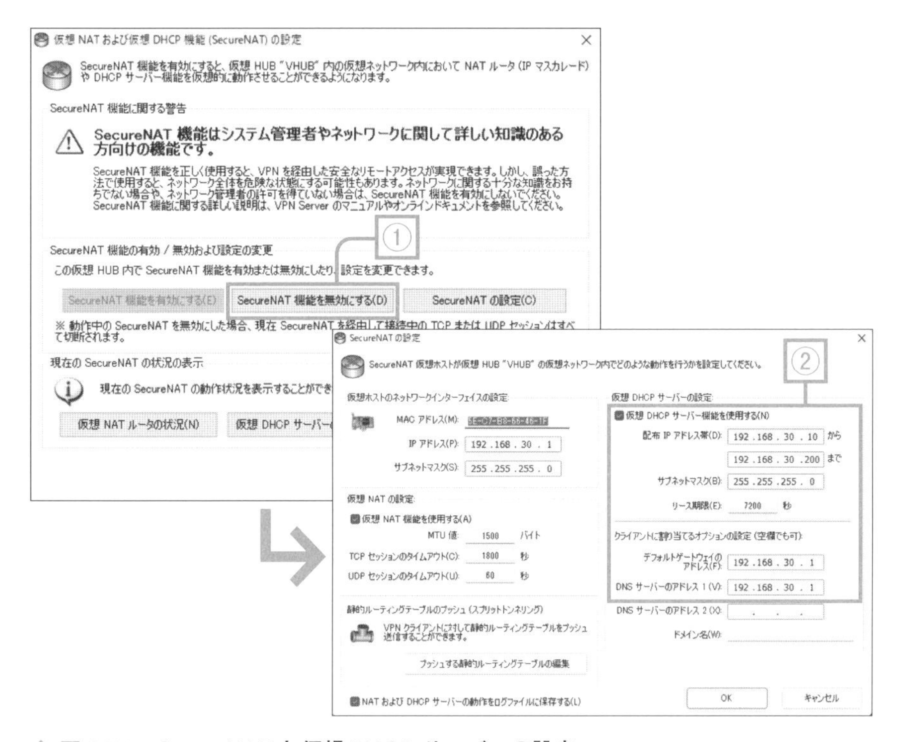

◆ 図 6.5.1 SecureNAT と仮想 DHCP サーバーの設定

◆ 図 6.5.2 VNC Viewer によるリモートデスクトップ接続

6.6 サーバー側を確認する②

社内LANの通信状況の確認手順

サーバー側の確認が続きます。

社内LANの通信状況も気になりますね。VPNサーバーからファイアウォール（192.168.11.1）に対し、ターミナル画面でpingコマンドを実行して応答時間の確認をしましょうか……。

今は僕のパソコンから実行してみます。コマンドプロンプトのターミナル画面から③「ping 192.168.11.1」と入力して Enter キー。④このくらいのレスポンス速度であれば、問題ないですよね？（図6.6.1）

数ms程度の応答であれば、全く問題ありません。それと状況によっては、VPNのログファイルを確認しておきましょう。

SoftEther VPN Server Managerを使って、各種ログファイルが確認できるはずです。SoftEther VPN サーバー管理マネージャのダイアログから、⑤「仮想HUBの管理」ボタンをクリックし（図6.6.2）、VHUBの管理ダイアログが開いたら⑥「ログファイル一覧」ボタンをクリックします。

ログファイル一覧のダイアログが開くので、そこから⑦「参照したいログファイル」をマウスでダブルクリック。ダウンロード完了のメッセージボックスが出たら、⑧「開く」ボタンをクリックします。

ファイル名の最初に「pkt_」が付く通信パケットのログは、オープンソース版では保存に対応していない旨のコメントが入っていました。それ以外は内容が確認できます。

トラブル発生時の時間帯を確認し、気になる内容を確認してください。

```
C:¥>ping 192.168.11.1 ③

192.168.11.1 に ping を送信しています 32 バイトのデータ:
192.168.11.1 からの応答: バイト数 =32 時間 =1ms TTL=64
192.168.11.1 からの応答: バイト数 =32 時間 =1ms TTL=64
192.168.11.1 からの応答: バイト数 =32 時間 =2ms TTL=64
192.168.11.1 からの応答: バイト数 =32 時間 =1ms TTL=64
                                              ④
192.168.11.1 の ping 統計:
    パケット数: 送信 = 4、受信 = 4、損失 = 0 (0% の損失)、
ラウンド トリップの概算時間 (ミリ秒):
    最小 = 1ms、最大 = 2ms、平均 = 1ms

C:¥>
```

◆ 図 6.6.1　ターミナル画面で ping コマンドを実行

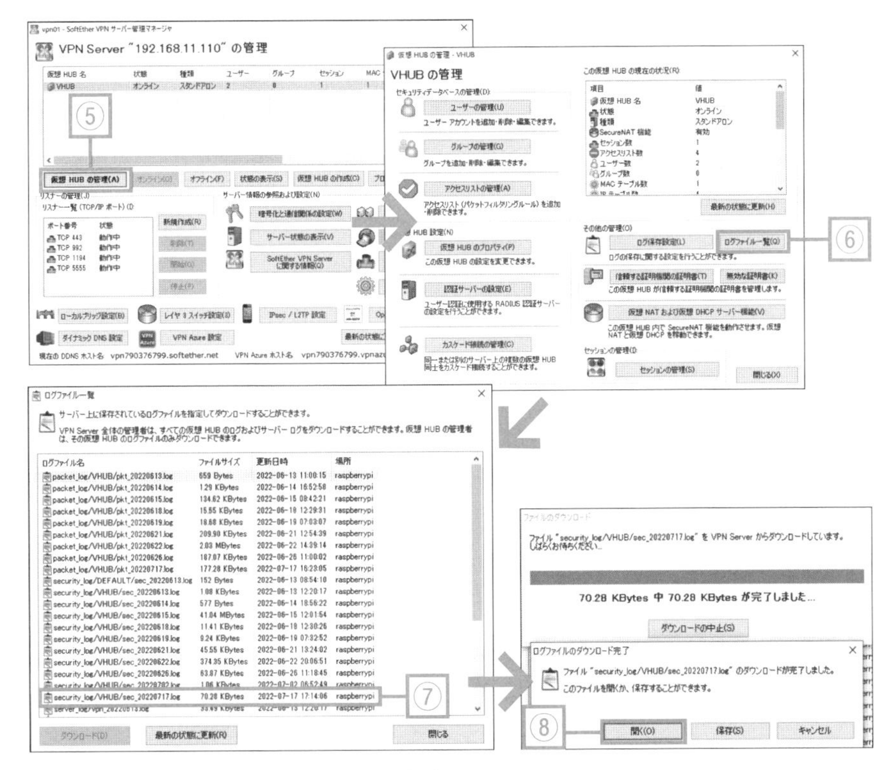

◆ 図 6.6.2　各種ログファイルの確認方法

6.7 復旧の最終手段は?

VPN サーバーを冗長化

いよいよ復旧をどうするか、という話に入ります。

LAN ケーブルの抜けやコネクタの接触不良、設定ミス等がトラブルの原因であれば、その復旧方法は明確です。ただ、今回取り上げたようなトラブルでは、結局のところ、原因がよくわからないことが多いように思います。

特定の VPN クライアントやパソコンにトラブルが限定されなければ、VPN サーバーまたは社内 LAN 側の原因が濃厚ですけど、そこからの追究が難しいかもしれませんね。

VPN サーバーですけど、もう 1 セット予備機としてラズパイをセットアップしています。手っ取り早いというと語弊があるかもしれませんが、予備機と交換するのも手かなと思います。どうでしょう？

現実的な最終手段という感じがします。その前に、予備機を異なる IP アドレス（192.168.11.111）と仮想 HUB 名（VHUB2）に設定し、①社内 LAN へ同居させるのがいいかもしれません（図 6.7.1）。VPN クライアントには、もう一つ②仮想 HUB（VHUB2）を設定して、調子が悪いときに切り替えてもらうとか。

その方法、VPN サーバーの冗長化になるので、すぐにやってみます。そうすれば、トラブル時に VPN サーバー／社内 LAN のどちらに問題があるのか、切り分けもスムーズになります。

もし、社内 LAN 側が原因だとすると、どんなことが考えられます？

例えばですけど、VPN サーバーの仮想 DHCP サーバーで割り当てる IP

アドレスと重複するIPアドレスの機器が、社内にこっそり存在する。または、社内LANに隠れているDHCPサーバーがあり、VPNクライアントへ別のIPアドレスが割り当てられてしまうとか。ちょっと考えられないですけど……。

今の段階ではなんとも言えませんが、社内LANの通信パケットを収集して解析ができれば、いろいろわかってくると思いますよ。

そのやり方、ぜひ教えてください！

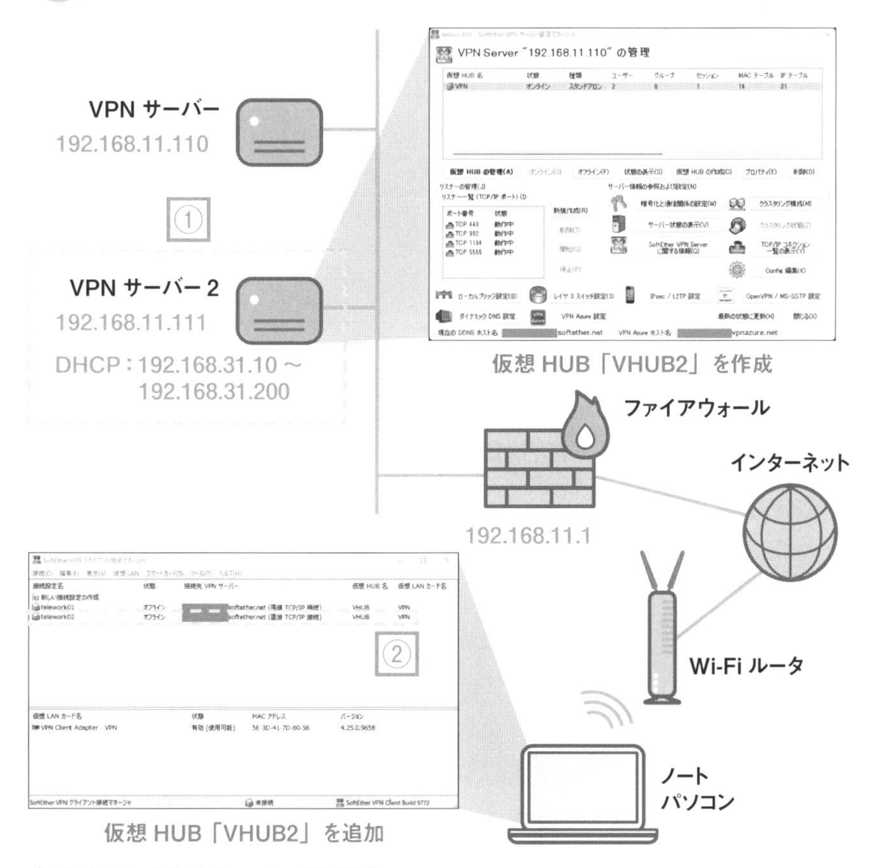

◆ 図6.7.1　VPNサーバーを冗長化

「中小企業診断士」という資格

照和さんがもつ中小企業診断士という資格は、経営コンサルタントに関する唯一の国家資格であり、社会人に人気のある資格の一つです。

試験は第1次試験と第2次試験に分かれ、年によって変動するものの二つを合わせた全体の合格率は約4%で、難易度の高いビジネス資格に分類されています。試験の特徴としては、経営戦略、組織･人事、マーケティング、財務･会計、生産管理、店舗運営、物流、経済学、IT、法務など幅広い知識やスキルが求められることがあげられます。

試験に合格するには、約1,000時間の学習時間が必要だと言われており、かなりハードルが高そうに思えます。しかし、学習する内容が実際の仕事に役立つことも多く、試験勉強にどっぷりはまる会社員も少なくありません。筆者もそのうちの一人でした。

難関資格といっても、弁護士や公認会計士、弁理士などに比べると難易度は下がりますので、挑戦しがいのある（努力すれば合格できる）資格だと思います。

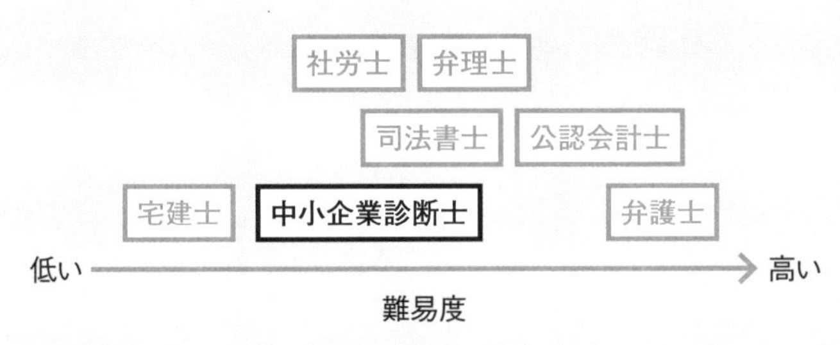

◆ 図1　国家資格の一般的な難易度イメージ

第7章

運用保守に必要な環境

7.1 ターミナル接続①

Tera Term のインストールと起動

構築した VPN 環境を運用保守する上で必要となるツール等の説明に入ります。

先ほどのトラブル対応の話で後回しとなった、ラズパイへリモートデスクトップ接続できるようにする方法を教えてください。

そうでした。まずは、ネットワーク経由でターミナル接続するツール（ソフトウェア）をインストールしましょう。いろいろあるソフトウェアの中から、その代表格と言える Tera Term（テラターム）を、次の URL へアクセスしてダウンロードしてください（図 7.1.1）。

https://ja.osdn.net/projects/ttssh2/

正式リリースされている最新版（本稿執筆時点では Ver 4.106）をパソコンにダウンロードしてインストールが終わりました。スタートメニューより Tera Term を起動すると、接続先を入力するダイアログが開きました（図 7.1.2）。

「ホスト」にラズパイの IP アドレス①「192.168.11.110」を入力して、②「OK」ボタンをクリックします。

セキュリティ警告のダイアログが開きました。どうすればいいですか？

③「既存の鍵を、新しい鍵で上書きする」にチェックを入れ、④「続行」ボタンをクリックして次へ進みましょう。次回からこの警告は出ないはずです。

わかりました。

ダウンロード　Magazine　開発

OSDN > ソフトウェアを探す > 端末 > シリアル > Tera Term > 概要

Tera Term

最終更新: 2022-07-19 01:15

概要▾　ダウンロード▾　ソースコード▾　チケット▾　文書▾　コミュニケーション▾　ニュース

プロジェクトの説明　レビューする　Webページ　開発情報

Tera Term は、オリジナルの Tera Term Pro 2.3 の原作者公認の後継版です。オープンソースで開発されており、UTF-8 表示に対応しています。また、SSH1 対応モジュール TTSSH を拡張し、SSH2 プロトコルをサポートしています。

バグを報告する
文書を見る
フォーラムで情報交換
RSSを取得

画像一覧

インストール

ダウンロードが完了したら、パッケージをクリック（もしくはダブルクリック）して実行する。するとインストールウィザードが起動するので、ウィザードの指示に従ってインストールする。なお、途中でインストール...　インストール方法を見る

使い方

デスクトップに作成されたTera Termのショートカットアイコンをクリック（あるいはダブルクリック）して起動するとメインウインドウと「新しい接続」ダイアログが表示される。メインウィンドウと「新しい接続」...　使い方を見る

ダウンロード

最新リリース
Tera Term 5 RC 5.0 alpha1 (日付: 2022-04-19)
Tera Term 4.106 (日付: 2021-06-05)
Tera Term RC 4.106 RC (日付: 2021-05-22)
Tera Term 4.105 (日付: 2019-12-07)
Tera Term RC 4.105 RC (日付: 2019-11-23)

◆ 図 7.1.1　Tera Term プロジェクト日本語トップページ

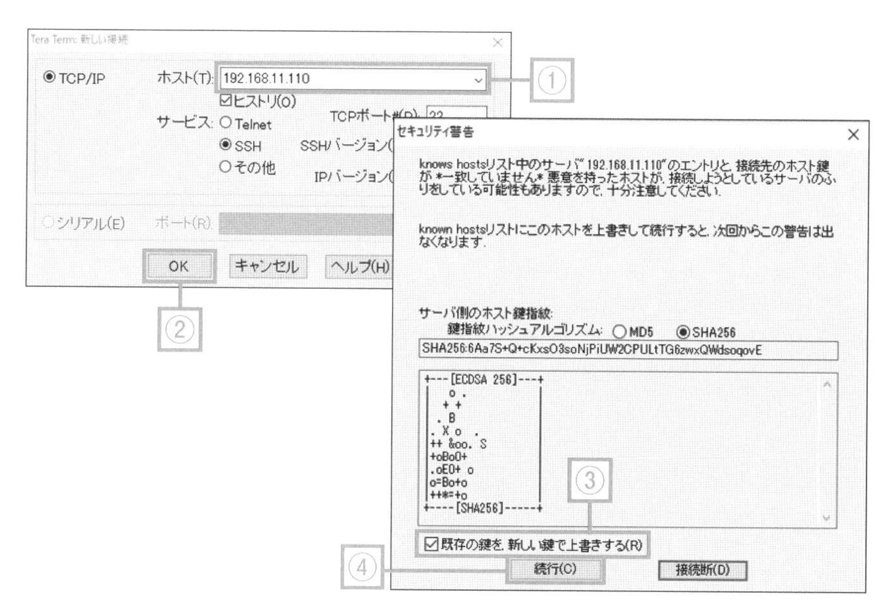

◆ 図 7.1.2　Tera Term の起動

7.2 ターミナル接続②

Tera Term と VNC の設定

ターミナル接続の説明が続きます。

次にログインを促すダイアログが開きました。ラズパイをセットアップした際の⑤ユーザー名(pi)とパスフレーズ(パスワード)を入力して、⑥「OK」ボタンをクリックします（図7.2.1)。ターミナルの画面へ切り替わりました（図7.2.2)。

続いてリモートデスクトップ接続ができるようVNC（Virtual Network Computing）の設定をしましょう。ターミナル画面から⑦「sudo raspi-config」と入力して Enter キーを押してください（図7.2.3)。

Raspberry PI Software Configuration Toolの画面が立ち上がれば、⑧「3 Interface Options」を選択、画面が切り替わるので⑨「13 VNC」を選択します。

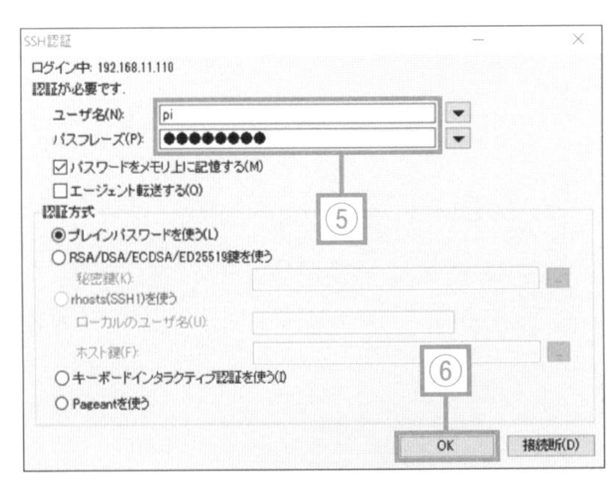

◆ 図7.2.1　Tera Term の SSH 認証

```
192.168.11.110 - pi@raspberrypi: ~ VT
ファイル(F)  編集(E)  設定(S)  コントロール(O)  ウィンドウ(W)  ヘルプ(H)
Linux raspberrypi 5.15.32-v8+ #1538 SMP PREEMPT Thu Mar 31 19:40:39 BST 2022 aarch64

The programs included with the Debian GNU/Linux system are free software;
the exact distribution terms for each program are described in the
individual files in /usr/share/doc/*/copyright.

Debian GNU/Linux comes with ABSOLUTELY NO WARRANTY, to the extent
permitted by applicable law.
Last login: Tue Jul 19 08:48:56 2022 from 192.168.11.100

Wi-Fi is currently blocked by rfkill.
Use raspi-config to set the country before use.

pi@raspberrypi:~ $
```

◆ 図 7.2.2　Tera Term のターミナル画面

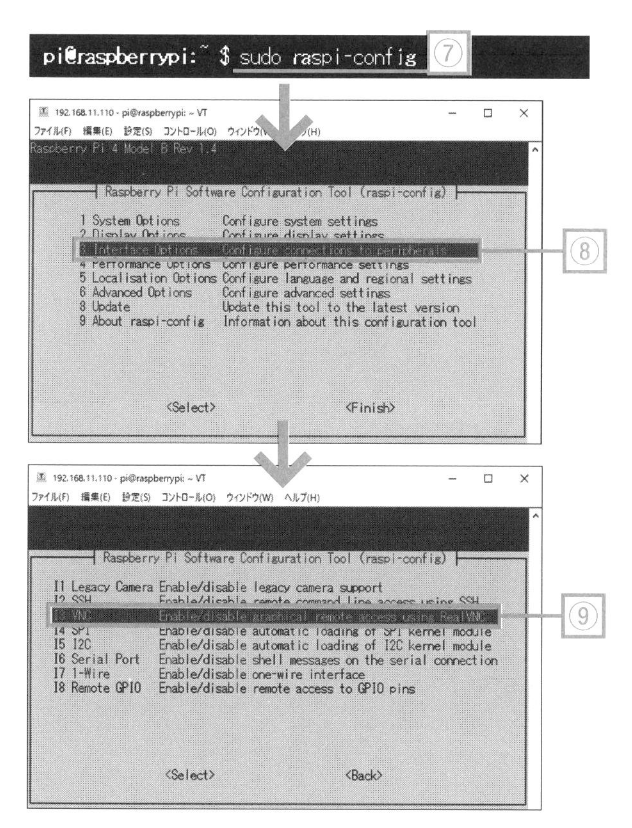

◆ 図 7.2.3　Raspberry PI Software Configuration Tool を起動

7.3 リモートデスクトップ接続①

Real VNC Viewerのダウンロードとインストール

ターミナル画面によるリモートデスクトップ接続の設定が続きます。

続く確認のダイアログは、①「はい」と②「了解」で進めます（図7.3.1）。最初の画面に戻ったので、Tab キーを押して下部の選択へ移り、③「Finish」で画面を閉じますよ。

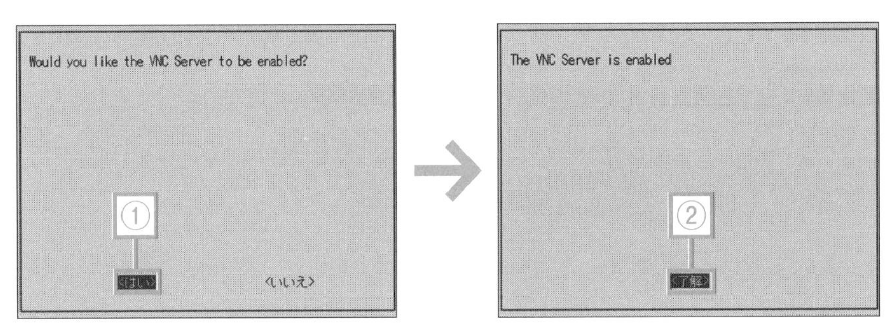

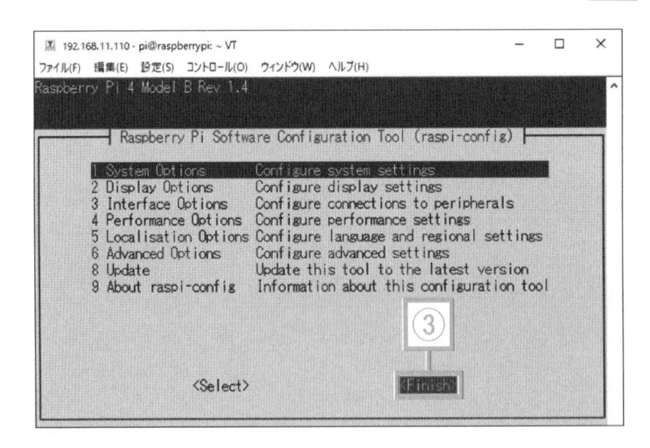

◆ 図7.3.1 Raspberry PI Software Configuration Toolを終了

ラズパイの設定はこれで完了です。続いて、パソコンにリモートデスクトップ接続するツール（ソフトウェア）をインストールします。これも各種ありますけど、今回はReal VNC Viewerを次のURLからダウンロードしましょう。

https://www.realvnc.com/en/connect/download/viewer/

ダウンロードサイトを開きました（図7.3.2）。④「Windows」が初期で選択されているので、⑤「Download VNC Viewer」をクリックして進め、ダウンロードとインストールを行いました。インストール途中の言語選択には日本語がなかったので、英語（English）で進めました（図7.3.3）。

◆ 図7.3.2　Real VNC Viewerのダウンロード

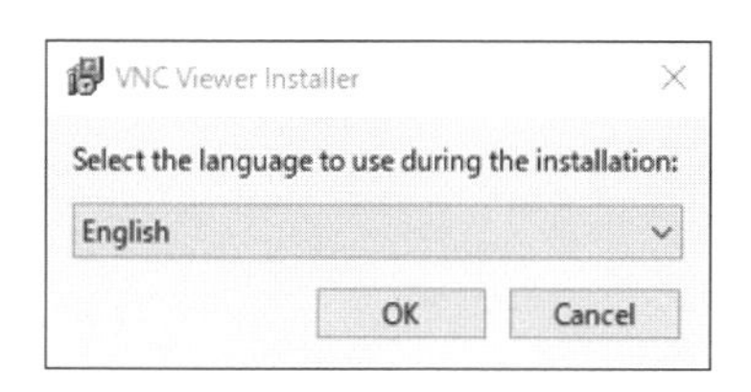

◆ 図7.3.3　インストール時の言語選択

7.4 リモートデスクトップ接続②

Real VNC Viewer の接続設定

Real VNC Viewer の接続設定を行います。

それでは、スタートメニューより VNC Viewer を起動します。なんか空っぽの画面が立ち上がりましたよ。

左上の「File」メニューから⑥「New connection...」を選択すると Properties のダイアログが開くので、「VNC Server」に⑦「192.168.11.110」、「Name」に⑧「VPN Server（任意の名前）」を入力し、⑨「OK」ボタンをクリックすれば設定が完了します（図 7.4.1）。

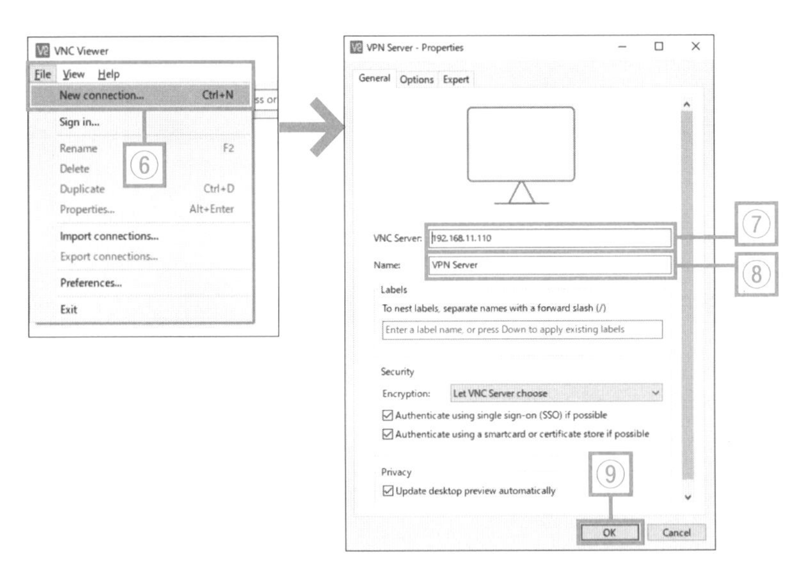

◆ 図 7.4.1　接続設定のダイアログ

先ほど空っぽだった画面に、⑩一つ設定ができました（図 7.4.2）。マウスでダブルクリックすると Authentication（認証）のダイアログが開きまし

たので、⑪ユーザー名（pi）とパスフレーズ（パスワード）を入力して、⑫「OK」ボタンをクリックします。

ラズパイのデスクトップ画面が表示されました（図7.4.3）。これで、ディスプレイとマウス、キーボードをラズパイに接続していなくても、ラズパイのデスクトップ操作ができますね。

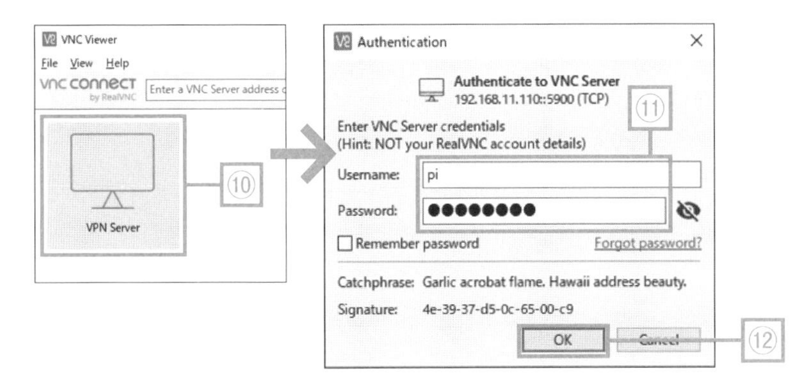

◆ 図7.4.2　VNC Viewerの接続画面

◆ 図7.4.3　ラズパイのデスクトップ画面

7.5 通信パケットの調査①

調査用パソコンの設定

都合上、通信パケットの調査方法については概略での説明となります。ご了承ください。

先ほどご要望のあった、通信パケットの調査に進みますか？

細かいところは自分でいろいろ調べて実施してみますので、とっかかり部分の説明をお願いします。

わかりました。社内LANの通信パケットが集まる基幹スイッチのミラーポート（全ポートの通信パケットのコピーが転送されるポート）へ、ネットワーク・アナライザと呼ばれるツールをインストールした調査用のパソコンを接続します（図7.5.1）。ただ現状だと……。

もしかして、基幹スイッチにミラーポートがない（設定をしていない）のが問題ですか？

それも追加で設定が必要になりますが、今回のトラブルだとミラーポートに流れる通信パケットを見てもわからない可能性があるんです。VPNサーバーの仮想DHCPサーバー機能を使用しているため、そもそも正常な状態では社内LAN側にDHCPの通信パケットが流れないと思われます。

えーっ、そうなんですか……。ということは、VPNクライアント側でも通信パケットを調べる必要があるんですか？

そうなると思いますので、ネットワーク・アナライザの代表格であるWiresharkを次のURLからダウンロードしてもらえますか（図7.5.2）。
https://www.wireshark.org/download.html

わかりました。予備のノートパソコンを調査パソコンとして使い、僕のノートパソコンにもWiresharkをインストールすることにします。VPNクライアント側は、僕自身にトラブルが起こった際に調べます。

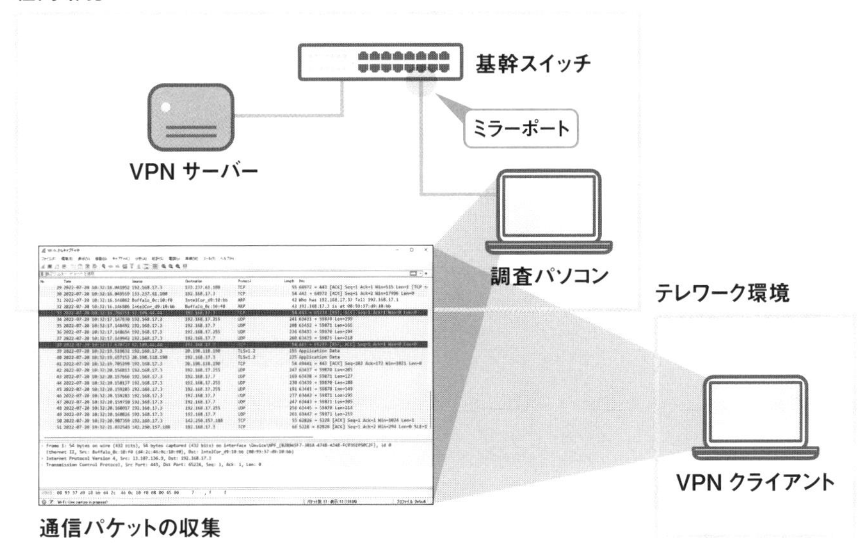

◆ 図 7.5.1　通信パケットの収集

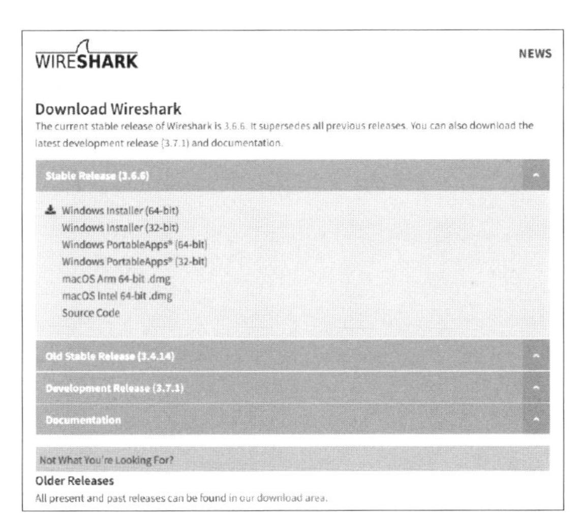

◆ 図 7.5.2　Wiresharkのダウンロードサイト

7.6 通信パケットの調査②

Wiresharkの基本画面

通信パケットの調査についての説明が続きます。なお、基幹スイッチのミラーポート設定は、すでに理本さんと照和さんで作業が完了しています。

それぞれのパソコンへWiresharkのインストールが終わりました。調査パソコンは、基幹スイッチのミラーポートにLANケーブルで接続済みです。スタートメニューより、Wiresharkを起動しますね。

最初にネットワークのインターフェイスを選択する画面が立ち上がるので、接続したネットワークを①「インターフェイス一覧」から選択します（図7.6.1）。VPNクライアントでは、仮想LANカード（VPN）を選びます。

該当のネットワークインターフェイスをマウスでダブルクリックしました。画面が切り替わり、画面にデータが上から順にスクロールしています（図7.6.2）。

では、画面の構成をざっくり説明しておきますよ。今は通信パケットを収集している状態なので、左上の赤い②「■」ボタンをクリックして、一旦、停止しましょう。

わかりました。データのスクロールが止まりました。

一番上が③「パケット一覧」で、1パケットが1行で表示されてます。そこで選択した1パケットに対して、中央の④「パケット詳細」がその内容の説明です。一番下は⑤「パケットデータ」の実データ（16進数とASCIIコード）になるんです。

なるほど。そう見ていくんですね。中央の「パケット詳細」は、通信プロトコルの内容をわかりやすく翻訳している感じですね。

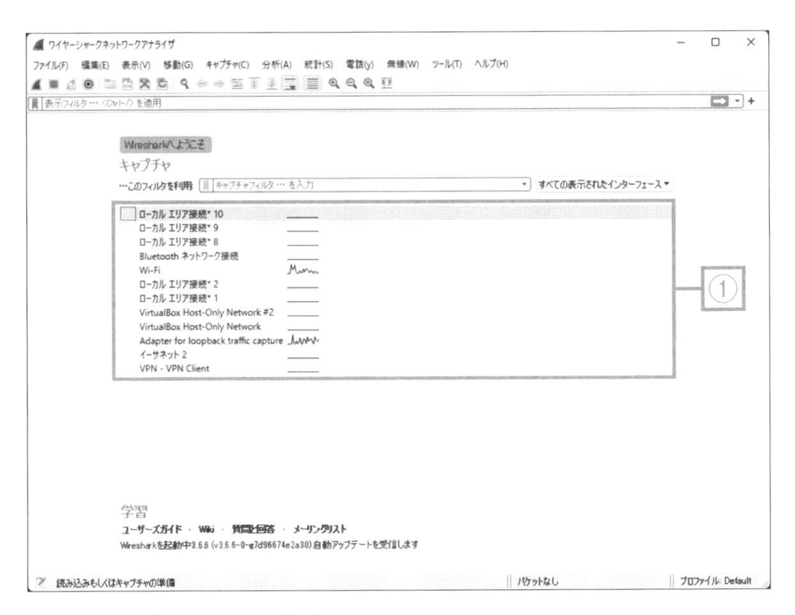

◆ 図 7.6.1　Wireshark の起動画面

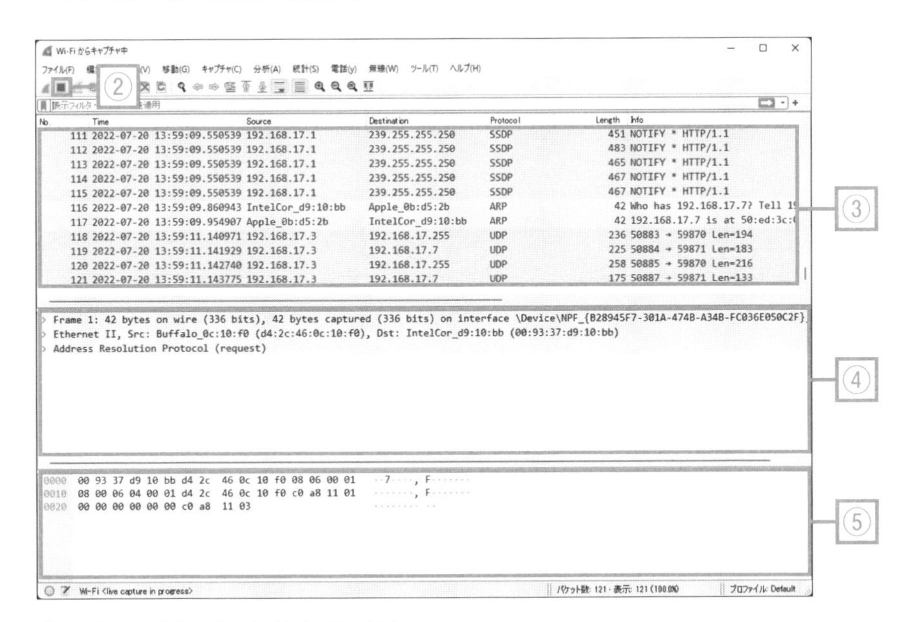

◆ 図 7.6.2　Wireshark のメイン画面

7.7 通信パケットの調査③

Wiresharkによる基本的な確認

トラブル時の調査に先立ち、正常な通信状態を確認しておきます。

トラブル時の調査前に、正常な状態を把握しておきたいのですが……。

そうですね。DHCPの通信に何らかの問題があると仮定して、DHCPが正常に行われた場合の内容を事前に把握しておきましょう。理本さんのノートパソコンのWiresharkで通信パケットを収集しながら、Wi-Fiルータ経由でVPNクライアントを接続してもらえますか。

了解です。少々お時間ください（しばらく時間が経過します）。

終わりました。通信パケットが収集できたので、ざっと説明をお願いしてもいいですか。

わかりました。DHCPは、下位レイヤーにUDP/IPのプロトコルを用いており、四つの通信パケットのやり取りが基本です（図7.7.1）。クライアントからネットワーク上のDHCPサーバーに対して①「DHCP Discover」をブロードキャストで送り、それに応答するDHCPサーバーの②「DHCP Offer」を受け取ります。

クライアントは、応答を受けたDHCPサーバーに対して③「DHCP Request」でIPアドレスの払い出しを要求します。そしてDHCPサーバーから④「DHCP Acknowledge」の承認が返ってくる、という流れです。

なお、WiresharkでDHCP Offerのパケット詳細を見ると、⑤「192.168.30.10」のIPアドレスが提示されていることがわかります。

なるほど。だいたいわかりました。次にトラブルが再発したときに、どうなっているかを比較してみます。

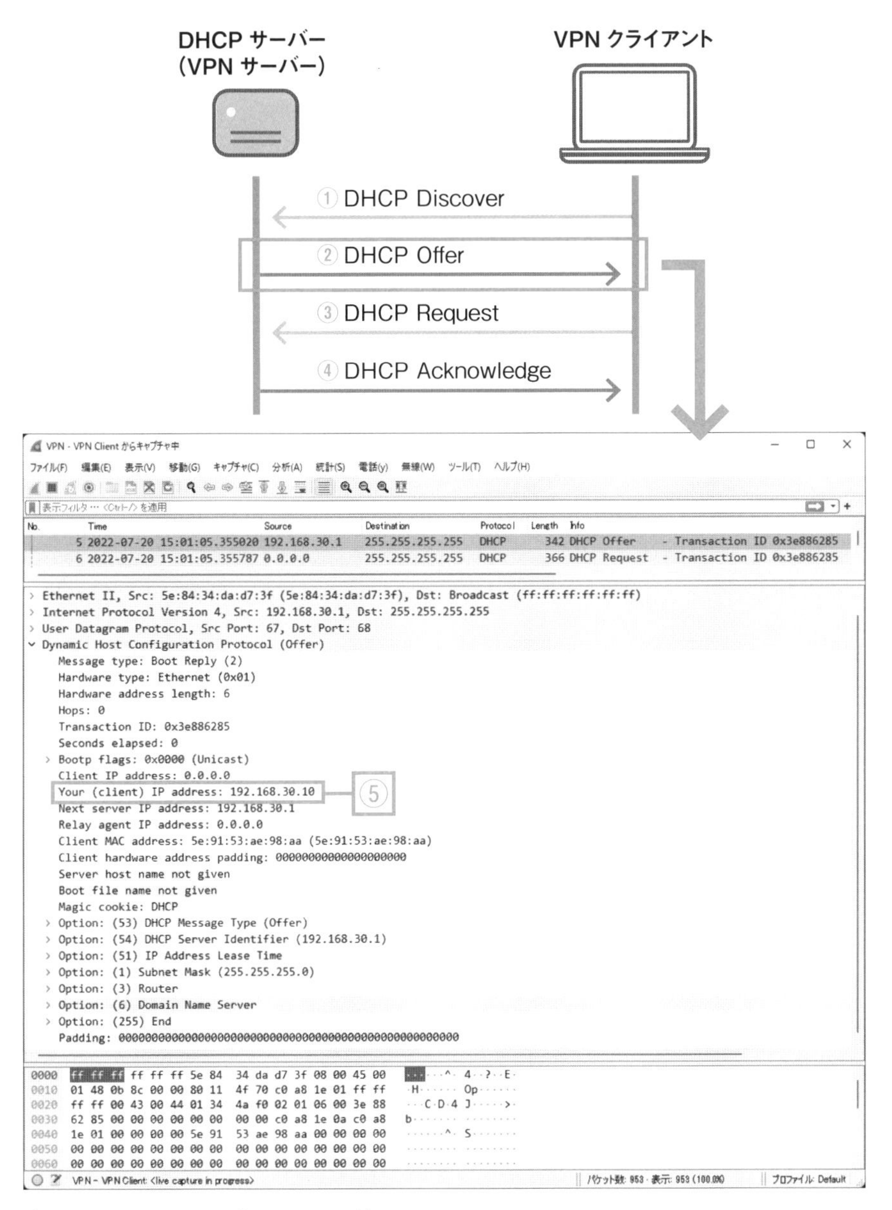

◆ 図 7.7.1 DHCP プロトコルの流れ

Wireshark の豆知識

通信パケットの調査で紹介したWireshark は、元々はEthereal（イーサリアル）という名前で、1998年に最初のバージョンが公開されました。

Wireshark に名前が変わったのは、作者のジェラルド・コームズ（Gerald Combs）氏が、CACE Technologies（CACET）に転職した直後の2006年6月です。Ethereal の大半のソースコードは、コームズ氏が著作権を保有していましたが、Ethereal の商標権は前職の会社にあったので、名称を変更したそうです。

Wireshark では、本書で説明したDHCP など800以上の通信プロトコルが解析できます。しかし、業界固有の（マイナーな）プロトコル等の場合、通信パケットの詳細に内容が表示されません（単にバイト列を表示。図1）。

このような未対応プロトコルの解析のために、Wireshark にはプロトコル解析プラグイン（Dissector）を追加する仕組みがあります。Lua というスクリプト言語で簡単にプラグインの作成ができるのです。

詳しくは、Wireshark 公式ページの「Wireshark Developer's Guide」に説明が載っています。もっとわかりやすく知りたい方は、「Wireshark Dissector」や「Wireshark Lua」で検索すると、サンプルコードを含めていろいろな情報が見つかります。

No.	Time	Source	Destination	Protocol	Length
1	2021-11-07 14:55:56…	192.168.200.13	192.168.200.2	UDP	63
2	2021-11-07 14:55:56…	192.168.200.2	192.168.200.13	UDP	73
3	2021-11-07 14:55:56…	192.168.200.13	192.168.200.2	ICMP	57

```
> Frame 1: 63 bytes on wire (504 bits), 63 bytes captured (504 bits)
> Ethernet II, Src: PcsCompu_a2:7e:a2 (08:00:27:a2:7e:a2), Dst: Mitsubis_1f:9d:
> Internet Protocol Version 4, Src: 192.168.200.13, Dst: 192.168.200.2
> User Datagram Protocol, Src Port: 57295, Dst Port: 5000
v Data (21 bytes)
    Data: 500000ffff03000c000000010400000000000a80a00
    [Length: 21]

0000  00 26 92 1f 9d e4 08 00  27 a2 7e a2 08 00 45 00   ·&······ '·~···E·
0010  00 31 08 d4 40 00 80 11  00 00 c0 a8 c8 0d c0 a8   ·1··@··· ········
0020  c8 02 df cf 13 88 00 1d  11 90 50 00 00 ff ff 03   ········ ··P·····
0030  00 0c 00 00 00 01 04 00  00 00 00 00 a8 0a 00      ········ ·······
```

単にバイト列を表示

◆ 図1　未対応のプロトコル

第8章

中小企業のヘルプデスク業務

8.1 社内での対応

ワンオペ情シスの実情

照和さんは、社員から寄せられる情報システムの使い方やトラブルなどの問い合わせに、理本君がどう対応しているのか気になっていました。

先ほどのトラブル対応を含め、貴社の情報システムに関するヘルプデスク業務って、いったいどんな感じでやっていますか？

ヘルプデスクですか？ 明確にはありません。一応、各部署にシステム担当者を決めてはいます。それなりに一次対応等をやってくれる人もいますが、本業が忙しいので、多くは本当に「一応」といった感じです。

では、直接社員から理本さんへ連絡が入って対応することが普通ですか？

ワンオペ情シスだと、どの会社でもそうじゃないですか。

まぁ、そうかも……。

ただ、基幹システムの会計処理でトラブルが発生した場合は、主管部署の経理課にシステム導入を担った管理者がいるので、その人が対応しています。逆に僕に聞かれても、システムの細かな機能面だと答えられません。

なるほど。各部門に固有の業務システムがあれば、それぞれワンオペ情シスがいる感じですね。

総務課長から、「よくある問い合わせについてはFAQリスト等にまとめ、それを社員が見られるようにしてほしい」と要望されてます（図8.1.1）。でも正直、FAQがあってもまともに見ずに、すぐ連絡してくると思うんですよね……。

どちらかというと、FAQをまとめるのが面倒というか、そんなの興味ないんでやってられないとか？

するどいですね！ 本当はそうなんです。

でもクラウドサービスの利用を含め、ますます業務のデジタル化が進めば、今の体制では厳しくなりますよ、きっと。

ワンオペ情シスの負担が増え、いつか破綻するかもしれません。

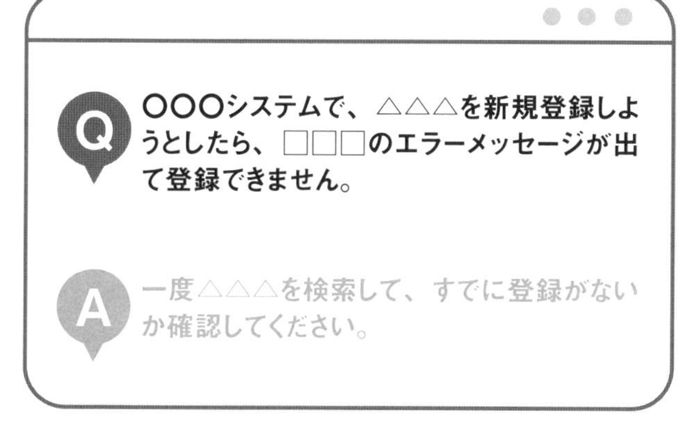

◆ 図 8.1.1　FAQのイメージ

8.2 テレワーク環境での対応

申請フローのデジタル化、アウトソーシングも視野に

理本さんの負担を軽減するために、テレワーク導入をきっかけにして、何かできないのか話が続きます。

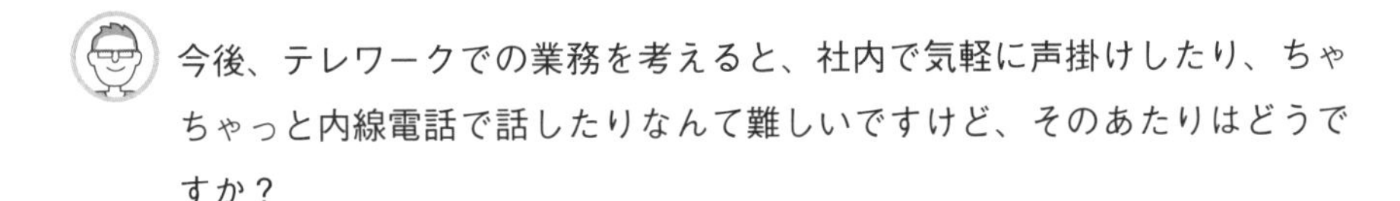

今後、テレワークでの業務を考えると、社内で気軽に声掛けしたり、ちゃちゃっと内線電話で話したりなんて難しいですけど、そのあたりはどうですか？

僕の業務もそうですけど、各部門の業務もコミュニケーションを取るのに戸惑っています。まだチャットツールなどに慣れていませんし。

今使ってみたいと思うコミュニケーションツールはありますか？

そうですね……。最近、システムベンダーと情報共有する際に、先方からの指定でSlack（スラック）をよく使っています。有料プランだとワークフローの機能も使えるようです。現状のちょっとした業務をデジタル化するのに、ワークフローがとても便利に思えます（図8.2.1）。

何か新しいことを始めるときに、「道具から入る（形から入る）」というのも一つの方法です。社員から問い合わせがあったことを、Slackを使って連絡したり、対応履歴等の情報を載せたり、いろいろ活用できそうですね。

当社では、申請書を紙の書類で回すことが結構多いんです。例えば、僕の業務でもユーザーIDの発行申請書などがあります。でも、そうした事務手続きをどのようにデジタル化するのか、みんな知りません。

理本さんが関わる業務からデジタル化するしかないのでは……。それを社内で使ってもらえば、ずいぶん変わるんじゃないですか？

まさにテレワークをするのにも申請が必要なので、それを Slack でワークフロー化し、みんなに使ってもらいたいですね。

また、一般的に大手企業などでは、ヘルプデスク業務を外部へアウトソーシングすることが多いと思います。最近では中小企業向けに、ワンオペ情シスを支援する手頃な価格のサービスも増えています。理本さんだけではどうにもならない状況になったら、一つの手段として考えてもいいかもしれません。

わかりました。ワンオペ情シス崩壊の危機が迫ったら、早めに相談します。

ちなみに私の団体でもサポートできるので、総務部長によろしくお伝えください。

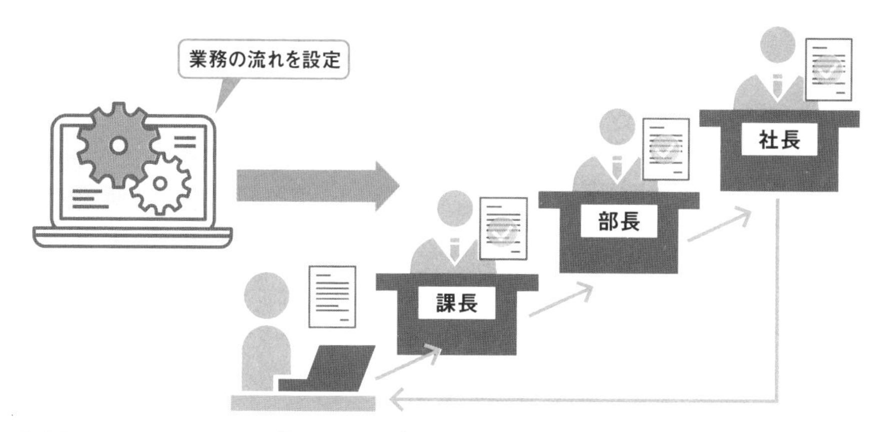

◆ 図 8.2.1　ワークフロー化のイメージ

8.3 コミュニケーションの重要性

新しいコミュニケーションの形と注意点

ヘルプデスク業務に限りませんが、仕事を進める上でのコミュニケーションは重要です。そんな話題に移ります。

一般的にヘルプデスク業務って、コミュニケーション能力が必要だと言われています。どうしてなのか、その理由がわかりますか？

別にヘルプデスク業務に限った話ではないと思いますけど……。トラブル時の問い合わせって、困っていっぱいいっぱいの状態で連絡してくることが多いはずです。対応が悪いと喧嘩になったりするからですかね。

それも一理あると思います。連絡する側も冷静じゃない場合が多いですし。連絡を受けた方も、訳がわからない言いがかりに聞こえるので、どうしてもカッと感情的になりますよね。

でもここで僕に伝えたいのは、リアルに相手の顔が見えない中で、いかにトラブルの状況を掴むのか。そんな話じゃないんですか？

その通りです。ヒヤリング力や洞察力、調整力などが求められます。

特にテレワークになると、より一層そういったコミュニケーション能力が重要だということですね。

あれ、どうも私が逆に教えられている感じがしてきた……。

これから電話やEメールだけでなくいろいろなツールを使っていく中で、今までとは違った対応が必要になってきますよ、必ず。

例えば、チャットツールでのメッセージって、どうしても言葉足らずになってしまうことが多いです。気心の通じた友人同士なら大丈夫でも、会社での人間関係だと悪い印象を与えてしまうかもしれません。

確かに。「なんだその言い方は……」なんて、自分の勝手な思い込みでメッセージを読むことって、結構ありますよ（図 8.3.1）。

社内のコミュニケーションにおいても、よそよそしくならない程度で丁寧に伝える方がいいですね。

デジタル化が進むと相手がリアルに見えなくなる分、今までとは違ったコミュニケーション能力が必要になってきそうです。

◆ 図 8.3.1　チャットツールは言葉足らずになることが多いので注意が必要

8.4 中小企業でのあるべき姿は

情シス担当者がDX推進のキーパーソンに？

本書のまとめとして、いよいよ最後の会話に入ります。

今回はテレワーク導入に向けたVPN環境の構築を中心に支援しました。最後に、中小企業で目指すべきデジタル化の理想について話しませんか？

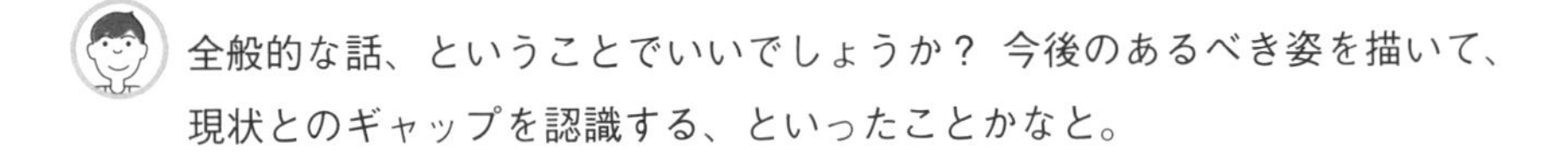

全般的な話、ということでいいでしょうか？ 今後のあるべき姿を描いて、現状とのギャップを認識する、といったことかなと。

はい、そういうことです。

デジタル化って、本来は中小企業のためにあるような気がします。例えば、情報システムもクラウドサービスにより「所有」から「利用」へと形態が変わり、導入のハードルも下がってきています。

つまり、システムを購入して長く使い続けるというより、サービスとして良いものにどんどん乗り換えていくことで、付加価値の向上を高めていく、ということですね。

経済産業省が公表している『DXレポート ～ITシステム「2025年の崖」克服とDXの本格的な展開～』の「2025年の崖」で、そういった話があったかと思います。

ずいぶん詳しいですね。大企業ではデジタル化に向けて、古いシステム（レガシーシステム）を刷新できないのが大きな障害だとの指摘があります。中小企業でも同じような課題があると思いますが、大企業ほど深刻ではないのでは？

ただ、当社のような「古き良き昭和」の企業では、ベンチャー系と比べるとそこそこの壁はありますよ。

確かにそうかもしれませんね。とはいえ社長の鶴の一声で、大きく変われるポテンシャルもあるのでは？

それはあります。やはり創業者の血を引くカリスマ性が社長にあるので、社員は嫌々ではなく「よし、やってやろう！」といった感じになるかもしれません。

そうすると、社長の右腕として DX を推進するサポート役が必要になる訳ですね。いわゆる「DX 推進役員」みたいな人。

でも当社のような中小企業だと、そんな人材は置けないですよ。

そこで、ワンオペ情シスが社長の DX 推進を補佐するんです。中小企業が DX を進めるための、現実解だと思いますが……。

いやいや、僕にそんな権限ないですし、社長と直接話すことも少ないですから。

でも社長はきっと、理本さんと今後のデジタル化について、いろいろ話をしてみたいと思っていますよ。

絶対無理です！ 絶対！

まぁ、そう決めつけずに。ここで私が言いたかったのは、デジタル化でワンオペ情シスに求められる役割や責任も変わってくる、ということです。ワンオペ情シスが「IT 経営」を担うようになるかもしれませんよ。

IT を戦略的に活用して企業の競争優位性を高める、といった話ですよね。

そうそう。そうした言葉が出てくるなら素養は十分です。次回は、ワンオペ情シスのIT経営について、コンサルティングできたら嬉しいです。

その際には、よろしくお願いします。

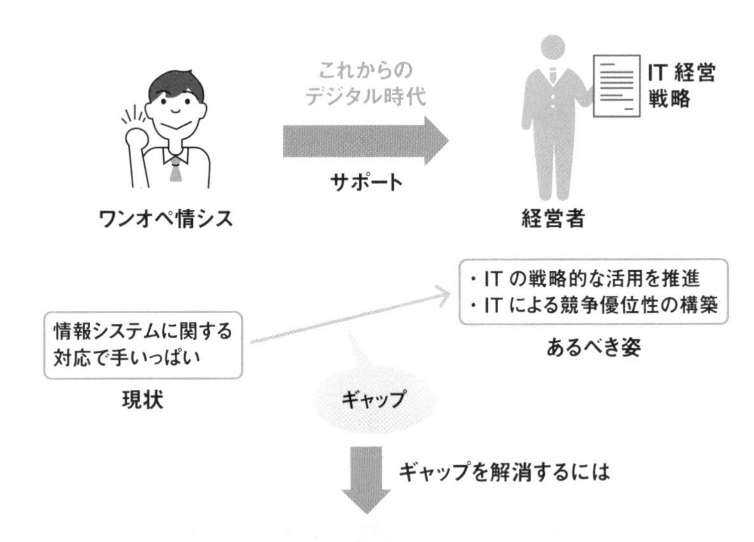

- ITツールによる業務の効率化
- システムの所有からクラウドサービスの利用へシフト
- アウトソーシングの活用
- ITと経営を橋渡しするスキルの向上

◆ 図8.4.1　デジタル時代のワンオペ情シス

あとがき

本書を企画して執筆が始まったのは、2022年の6月頃です。オンライン書店で「テレワーク」をキーワードに検索すると、たくさんの書籍が見つかりました。本のマーケティング戦略から見れば、すでに流行遅れの感じがあったと思います。

「なんでこんな時期に？」といえば、テレワークの一大ブームに便乗することなく、少し落ち着いたタイミングで、皆さんにじっくり読んでいただける本にしたかったからです。

このあとがきを書いている今は、コロナ渦で長く続いた「非日常」の日々に、ぽつぽつと「日常」が戻り始めています。テレワークの実施率も低下傾向にあり、対面での機会が増えていると思います。

ただ、VUCA（Volatility・Uncertainty・Complexity・Ambiguity）時代と呼ばれる「先行きが不透明で、将来の予測が困難な状態」は続いています。「戦後最大の危機」のようなことが過去に何度も起こっていますし、今後もきっと起こるはずです。日本においては、少子高齢化に伴う労働力の減少や、育児や介護との両立といった社会問題を解決するためにも、より多様で柔軟な働き方が必要です。

そうした環境変化に対して、デジタル化への対応は欠かせないとあらためて感じています。中小企業で孤軍奮闘するワンオペ情シスの皆さんの役割が、より重要になると思うのです。皆さんをサポートする外部の専門家もたくさんいますから、困った際には気軽にお声がけください。

2023年2月
福田 敏博

索引

●著者プロフィール

福田 敏博（ふくだ としひろ）

1965年 山口県宇部市生まれ。
JT（日本たばこ産業株式会社）に入社し、たばこ工場の制御システム開発に携わった後、ジェイティ エンジニアリング株式会社へ出向。幅広い業種・業態での産業制御システム構築を手がけ、2014年からはOTのセキュリティコンサルティングで第一人者として活動する。
2021年4月 株式会社ビジネスアジリティ 代表取締役として独立。
技術士（経営工学部門）、中小企業診断士、ITコーディネータ、公認システム監査人（CSA）、公認内部監査人（CIA）、情報処理安全確保支援士、米国PMI認定 PMP、一級建設業経理士、宅地建物取引士、マンション管理士など計30種以上の資格を所有。

装丁・イラスト	303DESiGN 竹中秀之
本文 DTP	有限会社ケイズプロダクション

ワンオペ情シスのためのテレワーク導入・運用ガイド
最小コストで構築できる快適で安全なオフィス環境

2023年3月17日　初版第1刷発行

著　　者　福田 敏博（ふくだ としひろ）
発 行 人　佐々木 幹夫
発 行 所　株式会社 翔泳社（https://www.shoeisha.co.jp/）
印刷・製本　日経印刷株式会社

＊落丁・乱丁はお取り替えいたします。03-5362-3705までご連絡ください

＊本書へのお問い合わせについては、2ページに記載の内容をお読みください。

ISBN978-4-7981-7645-1　Printed in Japan